走进“你知道吗”

（第四册）

蒋守成　陆卫英　主编

江苏凤凰教育出版社
Phoenix Education Publishing, Ltd

图书在版编目(CIP)数据

走进"你知道吗"(第四册)/蒋守成,陆卫英主编. --南京:江苏凤凰教育出版社, 2016.10(2020.9 重印)

ISBN 978-7-5499-6102-3

Ⅰ. ①走… Ⅱ. ①蒋… ②陆… Ⅲ. ①数学-少儿读物 Ⅳ. ①O1-49

中国版本图书馆 CIP 数据核字(2016)第 248650 号

书　　名	走进"你知道吗"(第四册)
主　　编	蒋守成　陆卫英
编写人员	王　瑾　陈振萍　张　扬　宋小军　王扣兰 谢　云　张　丽　董　俊
责任编辑	朱凌燕
装帧设计	许　畅　周　艳
出版发行	凤凰出版传媒股份有限公司 江苏凤凰教育出版社(南京市湖南路1号凤凰广场A楼　邮编210009)
苏教网址	http://www.1088.com.cn
新浪微博	http://e.weibo.com/jsfhjy
照　　排	南京书梦圆图文制作部
印　　刷	济南市莱芜凤城印务有限公司
厂　　址	山东省济南市莱芜区高庄街道办事处任家庄村
开　　本	889 毫米 × 1194 毫米　1/20
印　　张	4
版　　次	2016年11月第1版　2020年9月第2次印刷
书　　号	ISBN 978-7-5499-6102-3
定　　价	26.00 元
邮购电话	025-83658689,025-83658688

导读

你知道三角板为什么会长成这个模样吗?

你知道A4纸的大小为什么要这样规定吗?

你知道丹顶鹤迁徙时为什么要排成110°人字形吗?

你知道“哥德巴赫猜想”“四色原理”“圆周率”“黄金比”的来由吗?

你知道数学符号、数学规定演变的历史吗?

……

本书,就是从数学课本的《你知道吗》栏目出发,带你发现生活中的数学密码,带你探求数学的来龙去脉,带你理解数学的古往今来,带你迈向数学的广阔天地。

本书中的每个“你知道吗”,都涵盖以下三个板块的内容:

秘密大放送:对《你知道吗》栏目进行“大起底”,揭开你不知道的数学秘密。

阅读十分钟:对《你知道吗》栏目进行“解压缩”,解读你不知道的数学故事。

美妙数学园:对《你知道吗》栏目进行“再创造”,领略你不知道的数学滋味。

本书在手,让你眼界更开阔:一道名题、一个规定,本身就是一个传奇;一种现象、一个故事,背后就是一个奥秘;一句白话、一首小诗,其中就是一个原理……

本书在手,助你学习更轻松:听一听,看一看,品一品,做一做,想一想,原来,数学真的很神奇,数学真的很美妙,数学真的很好玩!

目录

你知道古代是怎样计算除法的吗？

我们已经学会了如何计算三位数除以两位数的除法竖式计算，可有没有想过，古代的人们是怎样计算除法的呢？

人教版小学数学四年级上册第77页“你知道吗”告诉我们：

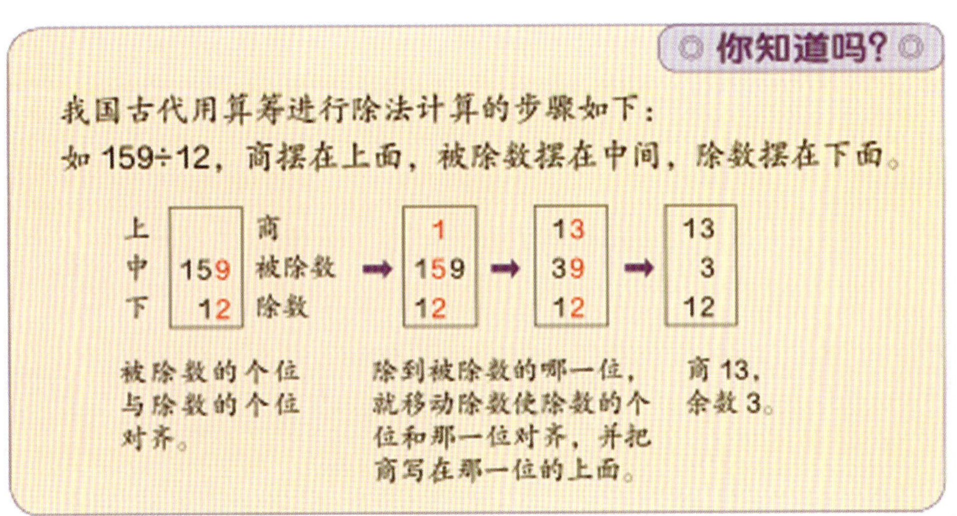
你知道吗？

我国古代用算筹进行除法计算的步骤如下：

如 159÷12，商摆在上面，被除数摆在中间，除数摆在下面。

			→		→		→	
上		商		1		13		13
中	159	被除数		159		39		3
下	12	除数		12		12		12

被除数的个位与除数的个位对齐。

除到被除数的哪一位，就移动除数使除数的个位和那一位对齐，并把商写在那一位的上面。

商 13，余数 3。

以上就是我国古代的“除法竖式”——上层是商，中层是被除数（古称“实”），下层是除数（古称“法”）。除数摆到被除数能够除的那一位之下，除完向右移动。

比如159÷12，用古代的“除法竖式”怎么计算呢？

第一步：除数12先摆在被除数159中15的下面（因为159的前两位15够除以12），商1写在上层对齐5，如图1所示。

第二步：被除数除剩下来的39接着除以12，商3，写在上层对齐9，如图2所示。

第三步：被除数剩下3，观察上层商是13，中层余数是3，如图3所示。

图1	图2	图3
1 159 12	13 39 12	13 3 12

你们觉得演变之前的方法和形式更易于理解，还是我们现在学习的除法竖式更有优势呢？我国是这样用竖式计算除法的，那么其他国家呢？

17世纪，欧洲出现了用竖式进行除法计算的方法，经过逐渐演变和简化，成了我们现在使用的方法。以732 ÷ 6为例，大致经过了图4所示的四个阶段。由此可见，用竖式计算除法是一种程序性操作，它的计算规则是：从被除数的最高位起，取出和除数位数相同的数（如果取出的数小于除数，则要取出比除数多一位的数），用除数去除它，就得到商的最高位数和余数（余数可能为零）；把余数化为下一位的单位，加上被除数这一位上的数，再用除数去除它（除数小于该数时商为0），得到商和余数；这样继续下去，直到被除数上的数字全部用完，就得到最后的商和余数。

```
       122              122
      ----             ----
        12                2
        60               20
        50              100
      ----             ----                 122              122
6      732   →   6      732   →   6        ----  →   6      ----
     - 300            - 600                 732              732
     -----            -----               - 600              - 6
       432              132               -----             ----
     - 360            - 120                 132               13
     -----            -----               - 120             - 12
        72               12               -----             ----
      - 72             - 12                  12               12
     -----            -----                - 12             - 12
         0                0               -----             ----
                                              0                0
```

图4

庄子说：“天下大事，必作于细。天下难事，必作于易。”当人们面对比较复杂的问题时，总会把它分成若干个简单问题来解决。除法，是小学数学中比较复杂的计算，人们常常将它按一定顺序分解为一些简单的计算。人们在进行笔算除法时，总希望把按一定顺序计算的中间结果和最终结果记录下来，除法竖式就是一种简洁而有效的记录方式。

巧填竖式除法

一个三位数，它的十位数字是0，且能被一个一位数整除，如式（1）；如果被另一个一位数除，则余3，如式（2）。请试着填出所有适合的情况。

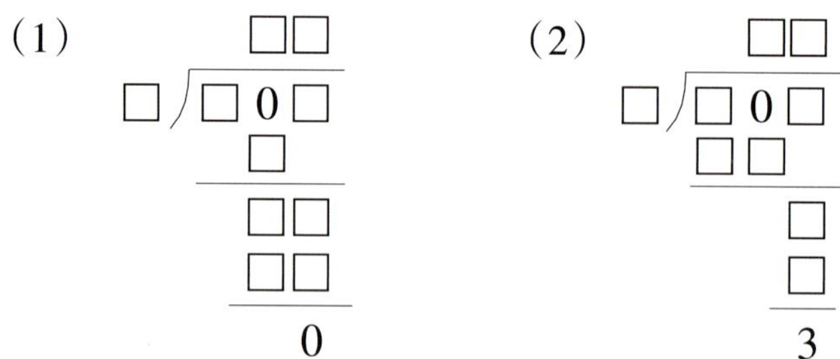

根据所有条件，全面分析、有序思考：

式(1)中，由除数与商的首位数之积是一个数字，可知被除数的百位数字为1；

式(2)中，由余数是3，且除数与商的末位数的积是一位数和"余数必小于除数"，可知除数只能为4、5、6，被除数的前两位数为10，除数只能为5，被除数的末位数字为8，这个数为108。也就是说，适合式(2)的只有一种情况：

```
    2 1
5 ) 1 0 8
    1 0
    -----
        8
        5
      ---
        3
```

由于108能被2、3、4、6、9整除，但除数为2时，不符合式(1)的书写形式。因此，适合式(1)的所有情况为：

```
    3 6          2 7          1 8          1 2
3 ) 1 0 8    4 ) 1 0 8    6 ) 1 0 8    9 ) 1 0 8
      9            8            6            9
    -----        -----        -----        -----
      1 8          2 8          4 8          1 8
      1 8          2 8          4 8          1 8
    -----        -----        -----        -----
        0            0            0            0
```

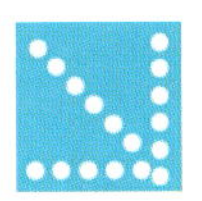

你知道哪些有特色的统计图吗？

我们学习了条形统计图，知道它是用一个单位长度表示一定的数量，用直条的长短表示数量的多少。在生活中，我们也常常见到一些形象生动、有特色的统计图，它们又是怎样表现统计资料的呢？

苏教版小学数学四年级上册第48页“你知道吗”告诉我们：

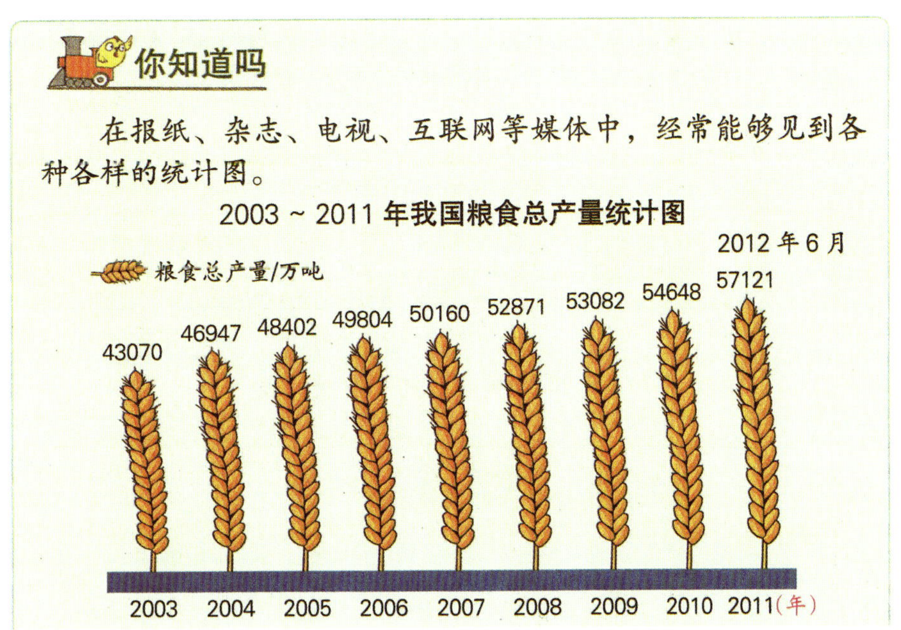

你知道吗

在报纸、杂志、电视、互联网等媒体中，经常能够见到各种各样的统计图。

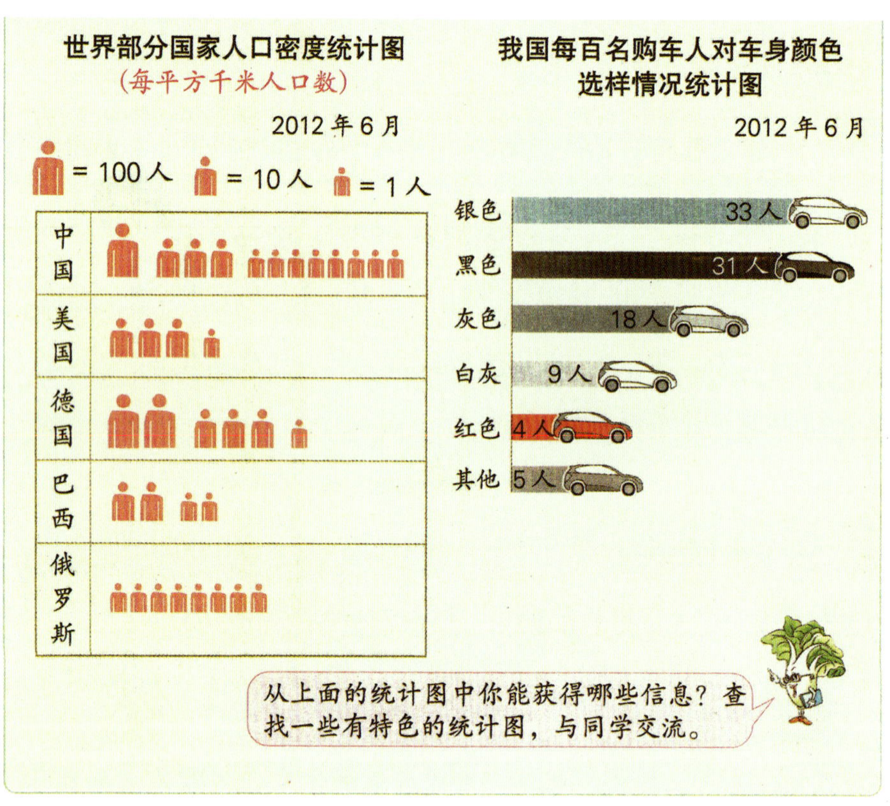

我们的祖先用石子计数比较谁的猎物多，产生了统计图的雏形，直到今天，我们常常在报纸、电视、互联网上见到各种各样、越来越多的统计图。教材中安排的三个特色统计图都是象形统计图，它们是用象形图表示数据的统计图，不仅形象生动，也有趣易懂。我们不仅要读懂这些统计图所表示的数据信息，更要对这些统计图展现的数据信息进行分析、作出判断，体会数据中蕴涵的信息。大家可以在报纸上、互联网上找一找还有哪些有特色的统计图，感受这些统计图是怎样生动、易懂地带给我们信息的。

生活中的象形统计图

宋代学者杨甲第一次把统计图画进了《六经图》。那么，生活中的统计图有哪些呢？有条形统计图（如图5），有柱形统计图（如图6），还有生动形象的象形统计图，等等。

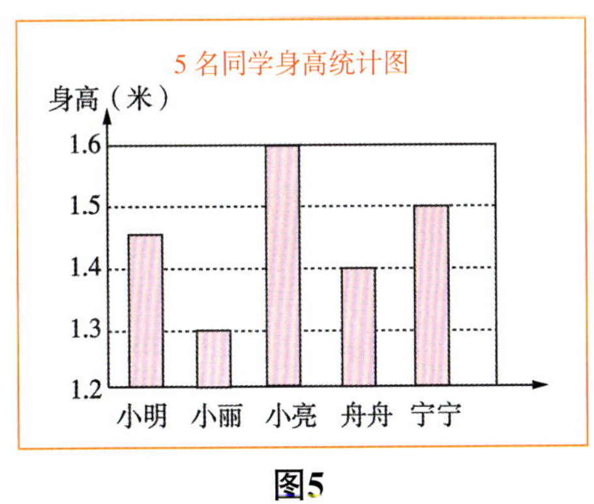

图5

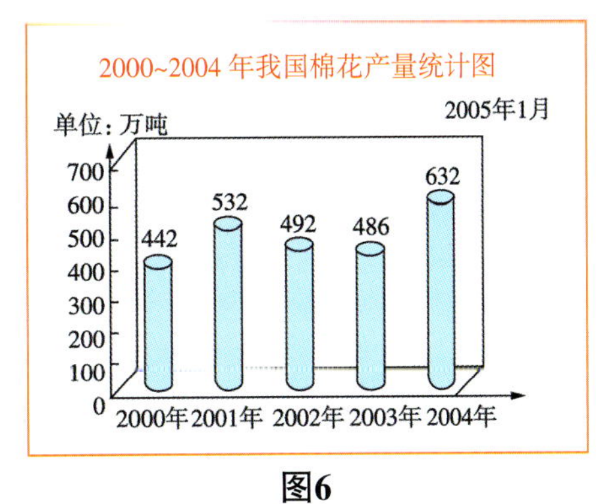

图6

张亚同学在办校报的过程中就用到了象形统计图。

张亚想办一期校报，她邀请了好朋友米拉、刘露、陈伊一起参加。第一次开会讨论，大家就为了《笑话谜语》《知心姐姐》《体育》《野生动物》这四个栏目哪个多写一点而争论起来。

“我们来看看同学们真正喜欢什么吧！”米拉提议。

“我打赌，一定是《体育》栏目。”喜欢体育的张亚说。

"我们问问大家,怎么样?"米拉提议。

"好,我们来做个调查。"刘露对米拉竖起了大拇指。

"那好。"张亚说,"明天开始,我会把你们的调查结果刊登在报纸上。陈伊负责拍照。"

下午,米拉、刘露就开心地找到了张亚和陈伊。

"张亚,看我们上午调查的结果,喜欢知心姐姐的同学最多。"米拉拿出一张统计表(见图7)。

张亚立即说:"你只不过调查了10名同学。要知道同学们最喜欢哪个栏目,要尽可能调查更多的同学,至少100名。因为要把统计结果登在报纸上,所以用象形统计图,同学们比较爱看。"

"什么是象形统计图?"米拉问。

"问我吧!"陈伊接话,"象形统计图就是一种用图形呈现数据的统计图。"

陈伊想了想,给大家举了一个例子:"比如,你们的统计表,就可以用象形统计图(见图8)来表示。"

同学最喜欢的栏目	
笑话谜语	3 人
知心姐姐	4 人
体育	2 人
野生动物	1 人

图7

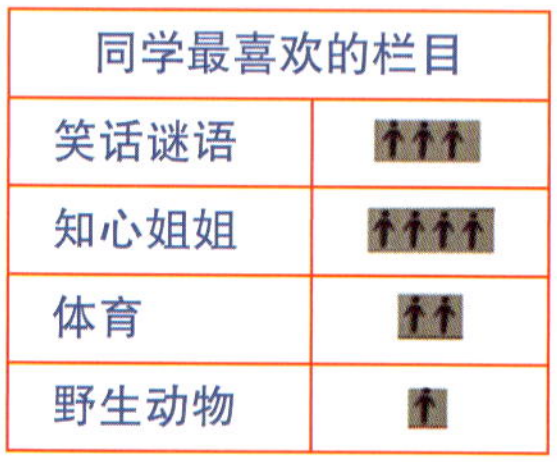

同学最喜欢的栏目	
笑话谜语	🚹🚹🚹
知心姐姐	🚹🚹🚹🚹
体育	🚹🚹
野生动物	🚹

图8

"这样啊!"米拉说,"我觉得我懂了。"

第二天早上,米拉、刘露又找到张亚和陈伊。

“我们一共调查了100名同学。”米拉说完，就和刘露打开了图表。

“请看。”刘露得意地说，“有40个人支持《笑话谜语》栏目，30个人支持《野生动物》栏目，20个人支持《体育》栏目，只有10个人支持《知心姐姐》栏目。”

张亚尽量掩饰着自己的不快。“不好意思。”她说，“图表太大了，报纸上登不下啊！”

米拉、刘露很生气地说：“我们不是按照你们的意思用象形统计图表示了吗？你们难道有更好的办法吗？”

“其实，象形统计图和条形图一样，一个图形不仅可以表示数量‘1’，也可以表示多个数量。”张亚连忙解释，“你们看看图上的一个人像能不能表示多个人？”

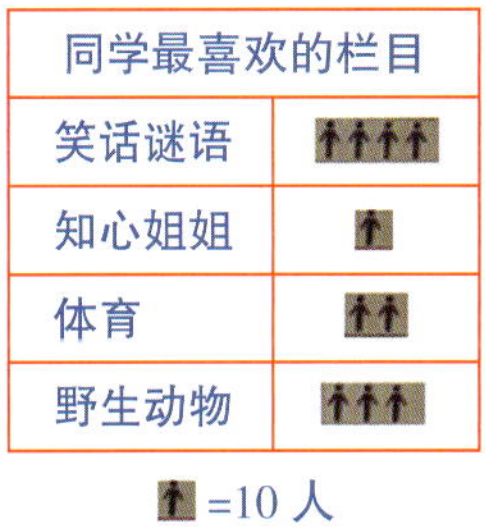

同学最喜欢的栏目	
笑话谜语	🚹🚹🚹🚹
知心姐姐	🚹
体育	🚹🚹
野生动物	🚹🚹🚹

🚹 =10 人

图9

“对呀，1个人像可以表示10个人。《笑话谜语》栏目40个人，我们只要画4个人就行了；《野生动物》栏目30人，只要画3个人；《体育》栏目20人只要画2个人；最后，《知心姐姐》栏目只要画1个人。”米拉高兴地说，“我们马上重做，保证既生动又简单。”说完就拉着刘露跑了。

20分钟后，图画好了（如图9），张亚满意地说：“不错，这样就合适了，可以登在报纸上了。”

看着辛苦两天完成的象形统计图，米拉和刘露高兴地笑了。

阅读完张亚办校报的故事，你对象形统计图是不是有更深的了解了呢？课本中“你知道吗”中的象形统计图，形象地告诉我们——中国每平方千米的人口数为：100+30+8=138（人）。从这张象形统计图中，你还能知道哪些信息？

制作一张象形统计图

图10和图11是两位同学调查了本班同学喜欢影片的类型后所画的象形统计图。从这两张象形统计图中,你发现了什么?

本班最喜欢的影片类型			
卡通	●	●	●
喜剧	●	●	
探案	●		
动物	●	●	

每个 ● 代表 4 票

图10

本班最喜欢的影片类型		
卡通	●	◐
喜剧	●	
探案	◐	
动物	●	

每个 ◐ 代表 8 票

图11

(1)图11中的半个图形表示什么?

(2)喜欢不同影片类型的人数各是多少?

请根据上述统计内容开展一项调查:班级同学最喜欢什么体育项目?班级同学最喜欢读什么书?班级同学最喜欢什么电子游戏?然后,把调查结果用象形统计图表示。

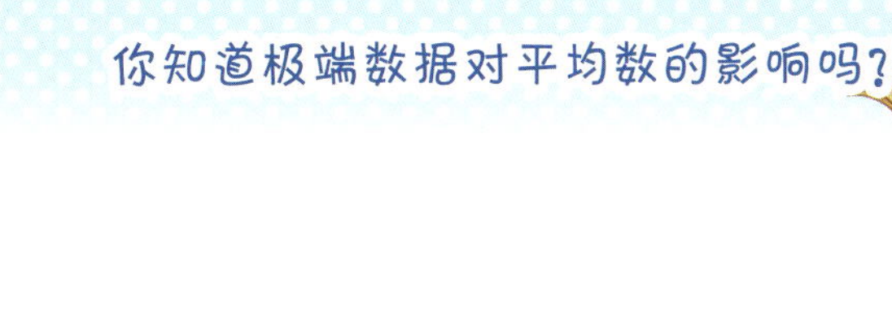

你知道极端数据对平均数的影响吗?

我们知道,把一组数加起来的总和除以这组数的个数,就能求出这组数据的平均数。可是,在演唱比赛中,每个评委都要为选手打分,当计算选手的得分时,往往会去掉一个最高分和最低分后再计算剩下分数的平均分。这是什么道理呢?

苏教版小学数学四年级上册第53页“你知道吗”告诉我们:

> **你知道吗**
>
> 在演唱比赛中,每个评委都要为选手打分。计算选手的得分时,往往要去掉一个最高分和一个最低分。这是由于每个评委的欣赏角度不同,每人给同一位选手打出的分数也就不同。去掉一个最高分和一个最低分,可以剔除一些极端数据,使最后的得分更加公平合理,更能代表选手的实际水平。

生活中受“极端数据”影响,平均数不能真实代表真实情况的例子有很多。面对这些“极端数据”时,又该怎样合理地求平均数呢?

下面，我们举一个例子来具体说明。

一次演唱比赛中，1号选手演唱了著名的陕西民歌《山丹丹开花红艳艳》，8个评委在她演唱完毕后分别亮出了分数(见表1)。这8个评委中，大部分评委打的分数都比较接近，在86~88之间。4号评委因为特别喜欢听民歌，所以打出了一个比其他评委高很多的分数：96分；而8号评委因为不太喜欢陕西民歌，所以打了一个比其他评委低很多的分数：74分。

表1

评委	评委1	评委2	评委3	评委4	评委5	评委6	评委7	评委8
得分	88分	86分	87分	96分	87分	86分	88分	74分

在8位评委打分的这一组数据中，4号评委打的96分，远远高于其他分数，数学上就称这个数据为这组数据中较大的“极端数据”，它会影响1号选手的演唱平均数向偏大的方向发展；8号评委打的74分，远远低于其他分数，数学上就称这个数据为这组数据中较小的“极端数据”，它会影响1号选手的演唱平均数向偏小的方向发展。

因为有96分和74分这样两个“极端数据”的影响，如果把8个评委的打分全部相加再除以8算出的平均数，就不能很好地代表1号选手的真实水平。

所以，唱歌比赛中常常采取“去掉一个最高分，去掉一个最低分”的办法来计算选手的得分。这样，评委打分的数据中如果出现一两个“极端数据”，用这种方法就可以使得最后的得分更加公平合理，更能反映选手的实际水平。

“骗人的”平均数

刘木头开了个木头加工厂，刘木头是经理，他弟弟是副经理，另外有8名工人。工厂经营得很顺利，现在需要招收一名新工人。现在，刘木头来到了人才市场，正与一个叫小齐的年轻人谈工资的问题。

刘木头说：“我们这里报酬不错。平均薪金是每月2500元。你在学徒期间每月是1000元，不过很快就可以加工资。”

小齐上了几天班以后，要求和刘木头谈谈。

小齐说：“你骗我！我已经找其他工人核对过了，没有一个工人的每月工资超过每月1500元。平均工资怎么可能是一个月2500元呢？”

刘木头皮笑肉不笑地回答：“小齐，不要激动嘛！平均工资确实是2500元，不信你可以自己算一算。”

刘木头拿出了一张表（见表2），说道：“这是我每月付出的酬金。我是经理，每月得7400元。我弟弟是副经理，每月得6000元。其他7个员工每人1500元，还有一个员工是干后勤和打扫卫生的，每月1100元。总共是25000元，付给10个人，对吧？平均下来每人不是2500元吗？”

表2

员工	经理	副经理	员工1	员工2	员工3	员工4	员工5	员工6	员工7	员工8
收入	7400	6000	1500	1500	1500	1500	1500	1500	1500	1100

“你是对的，平均工资是每月2500元。可你还是骗了我！”小齐生气地说。

刘木头说：“这我可不同意！你自己算的结果也表明我没骗你呀！”

接着，刘木头得意洋洋地拍着小齐的肩膀说：“小兄弟，你的问题是出在你根本不懂平均数的含义，怪不得别人。”

小齐气得说不出话来，最后，他一跺脚，说：“好，现在我可懂了，我不干了！”

在这个故事里，狡猾的刘木头利用小齐对统计数字的误解，欺骗了他。小齐产生误解的根源在于，他不了解平均数的确切含义。

“平均”这个词往往是“算术平均值”的简称，这是一个很有用的统计学的度量指标。然而，如果有少数几个很大的数，平均数就会给人错误的印象，变成“骗人数”。如刘木头的工厂中有2个高薪者，两人的酬金分别是7400元和6000元，这样平均工资会被这两个偏高的“极端数据”给拉高了，实际上大部分人的工资没有达到每月2500元。

被误导的平均数

小明来到野外的一处水塘，发现在旁边的树上钉了一块牌子，上面写着：此塘水深平均1.3米。小明心想：这里的水深平均只有1.3米，我的身高是1.6米，看来对我而言没有危险，不如在此学学游泳。可当小明在水里扑腾了一会儿后，竟被水淹没了，好在有农民路过把他救了上来。获救后的小明，怎么也不明白水怎么突然深了？如果他学过了平均数，就不会这么轻率地下河了。你能想明白吗？

生活中还有很多像这样被平均数误导的例子呢！

你知道抛硬币试验吗?

我们知道,随意抛掷一枚硬币,硬币可能正面朝上,也可能反面朝上。你知道著名的抛硬币试验吗?

苏教版小学数学四年级上册第66页“你知道吗”告诉我们:

你知道吗

硬币都有正、反两面。它被抛起后落下来,可能是正面朝上,也可能是反面朝上。在同一条件下,把抛硬币的试验反复进行多次,结果会怎样?

下面是五位著名科学家试验后分别得到的数据。看了这些数据,你有什么想法?

试验者	抛币次数	正面朝上次数	反面朝上次数
德·摩根	4092	2048	2044
蒲　丰	4040	2048	1992
费　勒	10000	4979	5021
皮尔逊	24000	12012	11988
罗曼诺夫斯基	80640	39699	40941

数学家们的抛硬币试验

拿一枚硬币，抛一次、两次、三次……十次、二十次，会觉得好玩，但上万次地重复同一个动作并一一记录结果，却是一项非常无聊且繁重的工作。在概率论的发展史上，曾有许多著名的数学家做过这个试验。

德·摩根，英国数学家、逻辑学家，提出的德摩根定律对后来逻辑代数有一定的影响。他实验时一共抛硬币4092次，正面朝上2048次，反面朝上2044次。

蒲丰，法国数学家、自然科学家，几何概率的开创者，并以“蒲丰投针问题”闻名于世。他实验时一共抛硬币4040次，正面朝上2048次，反面朝上1992次。

费勒，美国数学家，对概率论及其应用做出了贡献，在数学中以他的姓氏命名的有“费勒过程”“费勒链”“费勒半群”等。他实验时一共抛硬币10000次，正面朝上4979次，反面朝上5021次。

皮尔逊，英国数学家、哲学家，现代统计学的创始人之一，被尊称为“统计学之父”。他实验时一共抛硬币24000次，正面朝上12012次，反面朝上11988次。

罗曼诺夫斯基，苏联数学家、数理统计学家、塔什干数学学派创始人，也是苏联数理统计学派的奠基人，主要从事概率论和数理统计研究。他实验时一共抛硬币80640次，正面朝上39699次，反面朝上40941次。

他们为什么都要做这样的试验呢？目的就是通过成千上万次的试验证明正面和反面的可能性是不是$\frac{1}{2}$。因为通过试验来确定概率是有风险的，增加试验次数，可以降低这种风险。试验次数越多，结果越逼近理论值。当大量重复抛掷一枚硬币时，二者出现的频率在0.5附近摆动，我们就认为正面朝上和反面朝上的可能性是$\frac{1}{2}$。

数学家们的抛硬币试验虽然没能准确无误地得到“抛一枚硬币时，正面朝上和反面朝上的可能性都是$\frac{1}{2}$”这个结论，但“抛”出了经历知识的过程，“抛”出了精益求精的科学研究态度。

大将军的“百枚铜钱”

公元1053年，南方蛮族首领侬智高起兵反宋，大将军狄青奉旨征讨。将士们晓行夜宿，一路奔波。由于劳累，士气渐渐萎靡不振，狄青看在眼里急在心里。当时，南方有拜鬼神的风俗，所以大军刚到桂林以南，狄青便设坛拜神：“这次用兵，胜败还没有把握，特此祭拜，祈求神灵保佑。”他命人搬来一百枚铜钱，当场许愿：“如果这次出征能够打败敌人，那么把这些铜钱扔在地上，钱面（铸文字的那一面）定然会全部朝上。”

僚属们都大吃一惊，认为绝无百钱字面都朝上之理，这样干只会动摇军心，影响本来就不高的士气，于是纷纷劝阻。可狄青对此劝告不予理会，神色庄重地对侍从说了声：“铜钱伺候。”侍从立即从一个小布袋中将铜钱取出，只见一百枚铜钱齐刷刷地一串儿穿在一根细麻绳上。侍从把系着的绳头儿解开，将铜钱一个不少地置入狄青的掬捧之中。狄青双手合拢，像摇卦筒似地将铜钱在掬捧中“哗哗”地摇了几摇。忽然，一个“孔雀开屏”，那百枚铜钱纷纷从双手中飞起，又“劈劈啪啪”地先后落下。结果，这一百个铜币的钱面，竟然鬼使神差般全部朝上。全军将士欢声如雷。狄青本人也很兴奋，命令士兵取来一百枚钉子，把铜钱钉在地上，然后说道：“待我凯旋，定将酬谢神灵，收回铜钱。”由于士兵个个认定神灵护佑，战斗中奋勇争先，迅速平定了邕州（今广西南宁）。

有神灵保佑的说法显然是迷信，一百枚钱币都正面朝上的可能性是少之又少，近乎不可能啊！此时，你也一定觉得，狄青这样做真是太冒险啦！回师时，按原先所约，把钱取下。将士们一看，原来那些铜币两面都是一样的，都是铸文字的。如此一来，一百个钱面全部朝上就是个必然事件。从“不可能”到“可能”，从“随机事件”到“必然事件”，这一切足以显示出大英雄狄青非凡的智慧。

1名数学家＝10个师

在第二次世界大战中，和德国法西斯作战的盟军有大量军需物品要穿过大西洋运送到各个战场。可是,在1934年以前,负责运送物资的英美船队常常受到德国潜艇的袭击,损失惨重。英美两国限于实力,无力增派更多的护航舰。一时间,德军的“潜艇战”搞得盟军焦头烂额,海上运输成了盟军头疼的问题。在这进退两难之际,有位美国海军将领专门去请教了几位数学家。

数学家们分析后发现,船队是否被袭击,取决于航行过程中是否与敌潜艇相遇。而与敌潜艇相遇,是有可能发生,又有可能不发生的。从数学角度来看这一问题,它具有一定的规律:一定数量的船只,编队规模越小,批次就越多;批次越多,与敌潜艇相遇的可能性就越大;一旦与敌潜艇相遇,船队的规模越小,每艘船被击中的可能性就越大。这是因为德军潜艇的数量与船队的数量相比总是少的,潜艇所载弹药有限,每次袭击,不论船队规模多大,被击沉的数目基本相等。

美国海军接受了数学家的建议,改进了运输船由各个港口分散启航的做法,命令船队在指定海域集合,再集体通过危险海区,然后各自驶向预定港口。奇迹出现了,盟军船队遭袭击被击沉的几率大大降低了,极大地减少了损失,保证了战略物资的供应。

于是,美国军方宣称:一名优秀数学家的作用,超过十个师的兵力!

“生死签”的故事

相传古代有个王国,国王非常阴险且多疑。一位正直的大臣得罪了国王,被判死刑。这个王国世代沿袭着一条奇特的法规:凡是死囚,在临刑前都要抽一次“生死签”(写着“生”和“死”的两张纸条),若抽到“死”签就立即处死,若抽到“生”签则当场

赦免。

国王一心想处死大臣，与几个心腹密谋，想出一条毒计：暗中让执行官把“生死签”上都写上“死”字。两死抽一，必死无疑。然而，有一个好心人把这件事告诉了大臣。在断头台前，聪明的大臣迅速抽出一张签纸塞进嘴里，等到执行官反应过来，签纸早已吞下，大臣故作叹息说：“我听天意，将苦果吞下，只要看剩下的是什么签就清楚了。”剩下的签上当然写着“死”字，不知真相的人们都认为他吞下的是“生”。国王怕犯众怒，只好当众释放了大臣。国王“机关算尽”，想让大臣死，想把“不确定事件”变为“确定事件”，反而搬起石头砸了自己的脚，让机智的大臣死里逃生。

你知道括号的作用吗？

法国数学家韦达是第一个将符号引入数学的人。韦达的代数著作《分析术新论》是一部最早的符号代数著作。现在的数学符号体系主要采用的是笛卡儿使用的符号。采用数学符号不仅为了省事、简化，更重要的是，符号是正确地表述概念、说明方法和建立定理必不可少的。括号，也不例外。

苏教版小学数学四年级上册第74页“你知道吗”告诉我们：

你知道吗

算式中的括号能改变运算的顺序。

“(　　)”是小括号，又称为圆括号，是 17 世纪荷兰数学家吉拉特首先使用的。在这之前，曾经有人用括线“$\overline{\quad\quad}$”表示算式中先算的部分。如，$50-\overline{15+12}$ 表示要先算 15 + 12。

“[　　]”是中括号，又称为方括号。17 世纪英国数学家瓦里士在计算时最先使用了它。

“{　　}”是大括号，又称为花括号，大约是在 1593 年由法国数学家韦达首先使用。

计算时，要先算小括号里面的，再算中括号里面的，然后算大括号里面的。

小小括号，在数学中的作用大着呢！

括号在数学中的作用

在数学中，括号是用来规定运算次序的符号，一般作用于混合运算。数学中把加减、乘除、乘方分别定为一级、二级、三级运算，其运算顺序分别为三级、二级、一级。有时，为了改变这种运算顺序，就得使用括号，规定有括号的算式要先算括号内的，同时还规定了括号的层次，大括号“{ }”为最外层，“{ }”内含中括号“[ ]”，“[ ]”内含小括号“( )”，运算时，一般按内层括号向外层括号的顺序进行。

例如，按指定顺序给“4×12+24÷6”添上括号，并计算出结果：

（1）加→乘→除：4×(12+24)÷6=24。

（2）除→加→乘：4×(12+24÷6)=64。

（3）乘→加→除：(4×12+24)÷6=12。

（4）加→除→乘：4×[(12+24)÷6]=24。

在小学阶段的学习中，经常会遇到小括号和中括号，但大括号出现较少。到了四则混合运算时就会有大括号的身影，到了初中学习方程组、不等式组时更是少不了它。而且，在不同的场合出现的大括号，所表示的意义是不一样的。我们一起来看一看：

（1）在代数式中，它表示运算顺序；

（2）在方程组、不等式组中，它表示联立；

（3）在方程组的解中，它表示“并且”的意思；

（4）在证明过程书写中，它表示条件同时成立。

数学是一门要求非常严谨的学科，因此，在数学学习中对各种数学符号的应用，一定要分清情况，正确使用，养成认真谨慎的习惯，切不可自作主张、滥用符号。

特殊的括号

括号主要包括大括号“{ }”、中括号“[ ]”和小括号“( )”。另外，还有一些比较特殊的括号，罗列如下：

圆弧形括号“〔 〕”“【 】”。比如“【 】”，常用来标示工具书的条目。

尖括号形“〈 〉”“《 》”“< >”。比如“《 》”，常用来表示书名、文章名等等。

上下型括号“︵ ︶”“︷ ︸”“︹ ︺”“︻ ︼”“﹁ ﹂”“﹃ ﹄”，一般用于竖排文本时。

运用时千万不能混淆哦！

你知道怎样判断风筝的高度吗？

通常，我们可以比较或测量一些物体的高度。风筝的高度该如何判断呢？

苏教版小学数学四年级上册第83页“你知道吗”告诉我们：

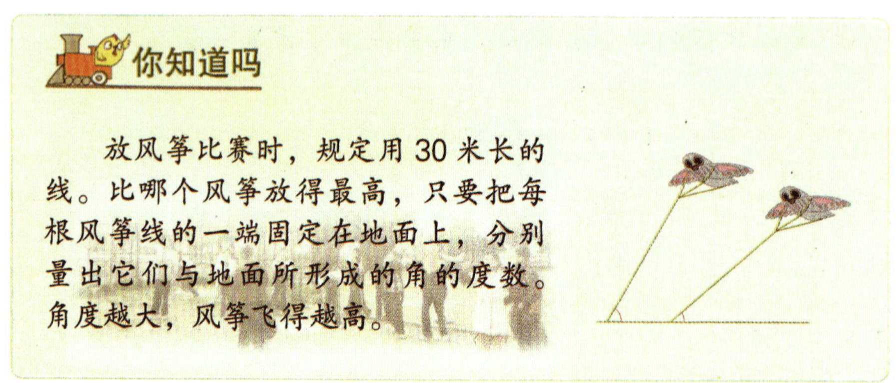

你知道吗

放风筝比赛时，规定用30米长的线。比哪个风筝放得最高，只要把每根风筝线的一端固定在地面上，分别量出它们与地面所形成的角的度数。角度越大，风筝飞得越高。

风筝深受人们喜爱，那么，风筝的高度怎样来测量呢？

风筝的高度

下面我们先来认识一个新名词:仰角。朝上看时,视线与水平面夹角为仰角(如图12)。

认识了仰角后,让我们一起来研究与风筝高度有关的问题。

仰角相等时,视线距离越长,对应的点高度越高,如学生用的直角三角尺与老师上课用的三角尺（如图13）, $\angle A=\angle D=30°$, $AC<DF$, $BC<EF$, C点与F点的高度也不等。可见,风筝与地面角度一样时,风筝的线越长,风筝放得越高。

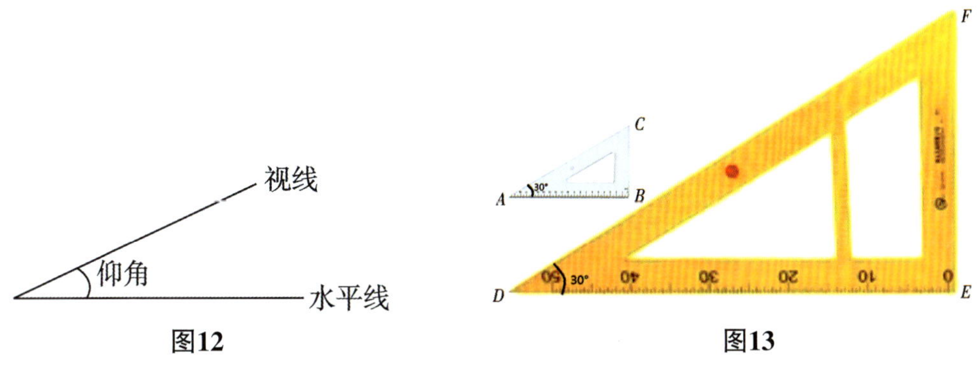

图12　　图13

视线距离相等时,仰角越大,对应的点高度越高。如量角器(如图14)上的三个点A、B、C的仰角依次是30°、50°、70°,量角器中心到这三点的长度相等,而对应的高度$AD<BE<CF$,即点A、B、C的高度也不等。可见,风筝的线长一样时,风筝与地面角

度越大，风筝放得越高。

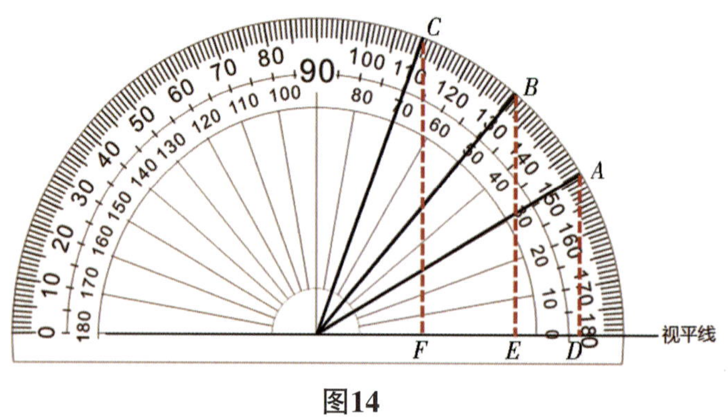

图14

计算风筝的高度可利用线长和看风筝的视线仰角，计算公式为：高度=线长×sinα，到了高中学习了三角函数后，就可以准确计算。生活中，人们用大致的数据来计算：当看风筝的视线仰角为30度角时，风筝的高度=线长×5÷10；当看风筝的视线仰角为45度角时，风筝的高度=线长×7÷10；当看风筝的视线仰角为60度角时，风筝的高度=线长×8÷10。

坡角和坡度

坡面与水平面的夹角叫作坡角（如∠α）。坡面的垂直高度（h）和水平距离（I）的比（即$h÷I$的结果）叫作坡度（或坡比）。$\frac{1}{100}$是指水平距离每前进100米，垂直方向上升（下降）1米；$\frac{3}{100}$坡度是指水平距离每前进100米，垂直方向上升（下降）3米，依次类推。当坡角α增大时,坡度也随之变大。由此可见,斜坡坡角越大,则坡度也越大,也就是说坡面就越陡,如图15所示。

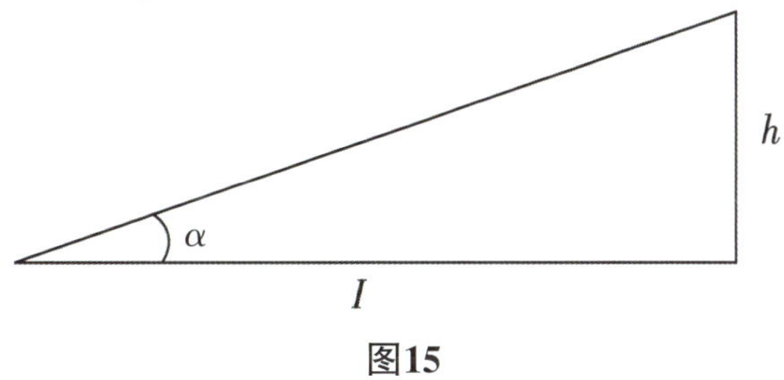

图15

在日常生活中我们常把一个斜坡的角度理解为坡度。例如,汽车上坡困难,我们就说:"这个山坡坡度太大。"实际上,这句话的意思是"这个山坡的坡角太大"。因此,就容易把这种误解带进数学学习中,把坡度与坡角两个不同的概念混淆了。

巧测山的海拔高度

你喜欢爬山吗?爬过多高的山?有没有想过这样一个问题:为什么山的高度称为"海拔高度"?每年,都有登山爱好者不畏艰难,去攀登海拔高度8000多米的珠穆朗玛峰。当然,世界上还有很多著名的山峰,至今都无人登顶。这些人们上不去的地方,怎样才能知道它们的高度呢?

方法有很多种,而且,其中有一种方法就是上面介绍的"角度测量法"。

如图16，飞机飞过山顶，在两个不同位置测量看到某山顶的角度，已知飞机的飞行高度和两点间的飞行距离，用数学方法可以得到山的海拔高度（到了高中学习了三角函数后就可以准确计算了）。

如图17，在地面也可以利用坡角和坡度，求出某山峰的垂直高度，计算公式为：$h=\frac{l\cdot\sin\angle 1\sin\angle 2}{\sin(\angle 2-\angle 1)}$。

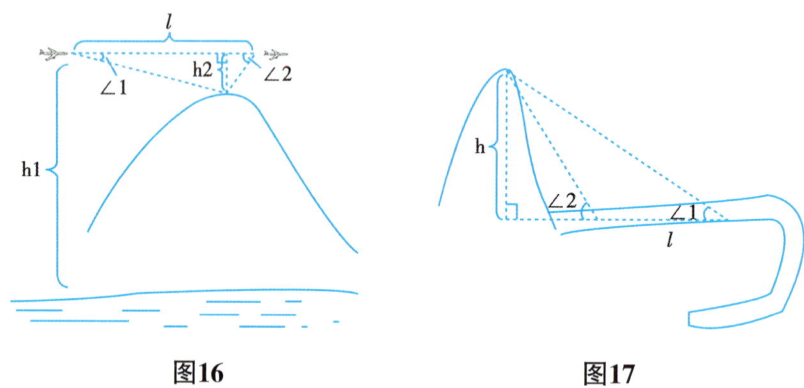

图16　　图17

你知道丹顶鹤是怎样迁徙的吗?

丹顶鹤是一种候鸟,春天到北方繁殖,冬天到南方过冬。而要完成这种空间上的迁徙,自然免不了长时间地飞行。那么,在迁徙过程中,它们是怎么排列的呢?这其中隐藏了什么数学知识呢?

苏教版小学数学四年级上册第88页“你知道吗”告诉我们:

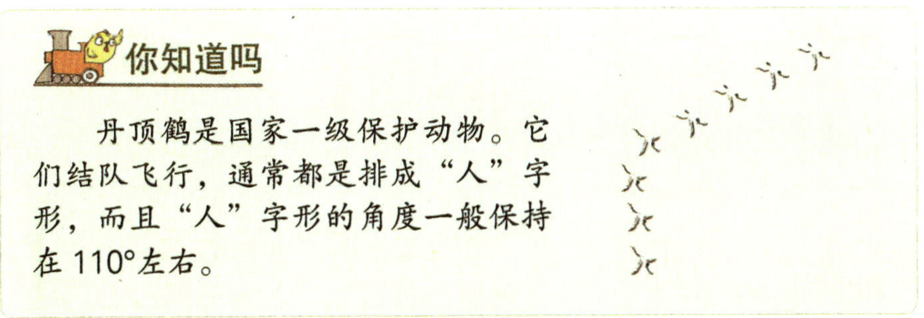
你知道吗

丹顶鹤是国家一级保护动物。它们结队飞行,通常都是排成“人”字形,而且“人”字形的角度一般保持在110°左右。

丹顶鹤在迁徙过程中通常会排成“人”字形,有时,它们也会排成“一”字形。这样结队飞行,不仅美观,而且省力。海上舰艇执行集体任务时,一般也是保持这两种队形。

丹顶鹤的迁飞队形

有人精确地计算出丹顶鹤“人”字形夹角的一半——即队形每边与鹤群前进方向的夹角为54度44分8秒，而金刚石结晶体结构的角度正好也是54度44分8秒，这是巧合还是某种大自然的“默契”？

科学家经过大量的调查研究发现：以这种方式飞行要比单独飞行多出12%的距离，而飞行的速度则是单独飞行的1.73倍。因为在飞行过程中，一般是一只比较强壮的丹顶鹤在前面开路，这样能帮助它后面或两边的丹顶鹤减少飞行的阻力。并且，领头鹤时常发出叫声，以鼓励其他的丹顶鹤不要掉队，它发出的有关信息和命令，可以准确、迅速、方便地传达给这个迁飞集体中的每一个成员。当领头鹤感觉疲倦无力时，另外的丹顶鹤会及时补上，以此保持飞行的速度。丹顶鹤就是通过这种团结协作的精神，顺利地完成长达1~2个月的飞行。丹顶鹤飞行时翅膀是呈360度旋转式的，会产生一股气流。如果后面的丹顶鹤没有规则地乱飞一通，短时间虽然没问题，可如果要长途飞行上千米，那可不能小看气流的影响了。并且，成“人”字形以后，后面的丹顶鹤还可以借助前面丹顶鹤飞行的气流更轻松地飞翔。

“人”字形的编队不但充满美感，而且显得团结，能够给天敌以一种威慑力量，使其望而生畏，不敢轻易发起进攻，确保了丹顶鹤迁飞的安全。人类的很多发明，都是从动物的身上学来的。现在的战斗机在飞行时的列队正是参照了丹顶鹤的飞行特点。大自然的力量是无穷的。

动物“数学家”

蜜蜂的蜂房是六角柱状体(如图18),它的一端是开口的平整六角形,另一端是封闭的六角菱锥形的底,由三个相同的菱形组成。组成底盘的菱形的钝角为109度28分,所有的锐角为70度32分,这样既坚固又省料。蜂房的巢壁厚0.073毫米,误差极小。

蜘蛛结的“八卦”形网(如图19),是既复杂又美丽的八角形几何图案,即使用直尺和圆规,也很难画出像蜘蛛网那样匀称的图案。

图18

图19

冬天，猫睡觉时总是把身体抱成一个球形（如图20），其间也隐含着数学知识，因为球形使身体的表面积最小，从而散发的热量也最少。

真正的数学“天才”是珊瑚虫（如图21）。珊瑚虫在自己的身上记下“日历”，它们每年在自己的体壁“刻画”出365条斑纹，显然是一天“画”一条。奇怪的是，古生物学家发现3亿5千万年前的珊瑚虫每年“画”出400幅“水彩画”。而天文学家告诉我们，当时地球一天仅21.9小时，一年不是365天，而是400天！

图20

图21

你知道三角尺的作用吗?

三角尺对于大家来说太熟悉了。回想一下,它都能帮大家干什么呢?

我们的数学学习离不开三角尺。它的作用,跟其自身的特点有关。

比如说角的度数,我们可以利用三角尺中已有的度数直接画出30度、45度、60度、90度的角,我们还可以把一副三角尺中不同的角拼在一起得到15的倍数的角。

三角尺的边也隐藏着一些数学知识和奥秘。如果我们把两块一样的含有30度的三角尺拼在一起,会拼成一个什么三角形?它的三条边怎么样?拼成后,如果30度对应的边用a表示,斜边用c表示,此时两条边的关系可表示为:$c=2a$(如图22)。

两块45度的三角尺拼在一起,拼成的三角形会有这样的规律:拼成后,斜边用c表示,斜边上的高用h表示,它们的关系可表示为:$c=2h$(如图23)。

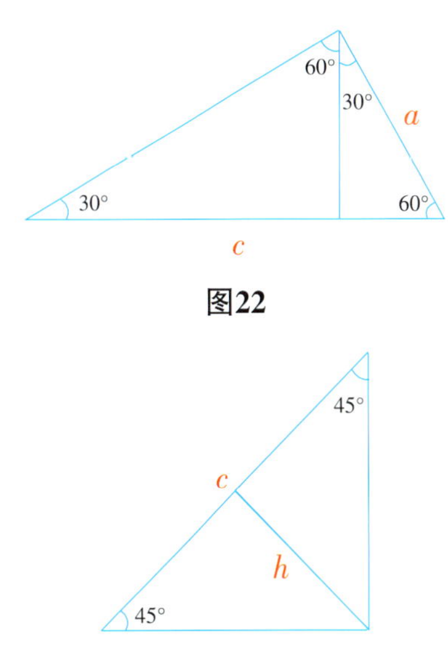

图22

图23

三角尺上的直角

我们平时使用的三角尺有两种，一种三角尺的三个角分别是30度、60度、90度；另一种三角尺的三个角分别是45度、45度、90度。你可能会问：为什么两种三角尺都有一个角是直角？对于这个问题，可从两个方面回答。

第一，直角是认识和区别其他角的基础。小学阶段所学的角主要有锐角、直角、钝角、平角和周角。小于90度（直角）的角叫锐角，大于90度而小于180度的角叫钝角，180度的角叫平角，360度的角叫周角。可见，锐角、钝角、平角、周角等都是通过直角来认识和区别的。所以，把三角尺上一个角定为直角，不仅能增强对直角的认识，而且能为学习其他的角打下基础，以便比较和区别。

第二，直角是最特殊、最常见、用途最多的角。它的用途主要体现在：（1）画图。作一条直线的垂线，画直角三角形、长方形、正方形等，画三角形、平行四边形、梯形的高等，用三角尺上的直角会很方便。另外，在机械制图、产品设计等生产实践中，也都会使用三角尺上的直角。（2）检验和判断。要判断一条直线是不是另一条直线的垂线，判断一个四边形是不是长方形或正方形等，都可以利用三角尺上的直角去检验图形中的角是不是90度。

由此可见，三角尺上有一个直角，能为学习和生产提供极大的方便。

三角形的奥秘

除了三角尺上的度数以外，还有没有其他度数的角可以用一副三角尺画出来呢？通过两两相加或相减，也就是“(　)度+(　)度=(　)度”或者“(　)度-(　)度=(　)度”，还可以得到很多种角，如15度、75度、105度、120度、135度、150度、165度、180度。我们来仔细观察这些度数，找一找其中的规律，看看什么样度数的角可以用一副三角尺画出来。

三角尺中的边中也藏着一些奥秘。

如果把两块一样的含有30度的三角尺拼成图24，注意观察：拼成了一个什么三角形？它的三条边怎么样？你能不能发现其中一块三角尺的某两条边之间的关系？给一个提示：如果已知一块三角尺的斜边c=10厘米，那么30度角对应的短直角边a的长度是多少？你是怎么看出来的？

把这两块一样的三角尺拼在一起，用数学语言来概括斜边和短直角边的关系：如果30度对应的边用a表示，斜边用c表示，两者之间的关系可表示为：$c=2a$。

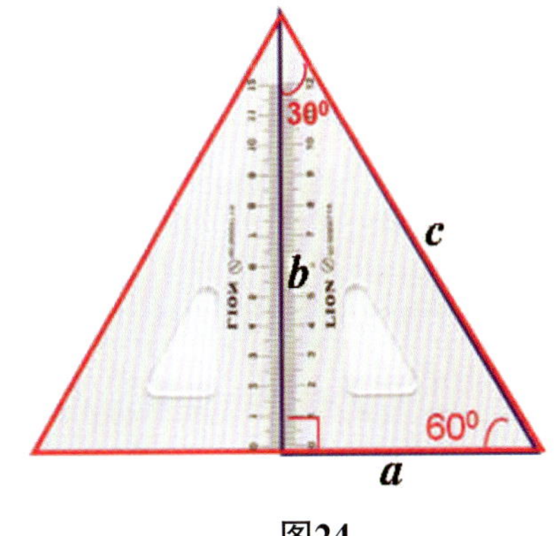

图24

那么，另外一块等腰直角三角尺会向我们传达什么数学信息呢？我们不妨也把两块一样的这种三角尺拼在一起，将拼成什么图形？你能看出拼出的这个大等腰直角三角形（如图25）的斜边和斜边上的高之间有什么关系吗？你是怎么看出来的？如果已知斜边长20厘米，高多长？如果高是20厘米，斜边有多长？在每一块小的等腰直角三角形中，斜边和它对应的高是不是也有这样的关系？如果斜边用c表示，高用h表示，两者之间的关系可表示为：$c=2h$。

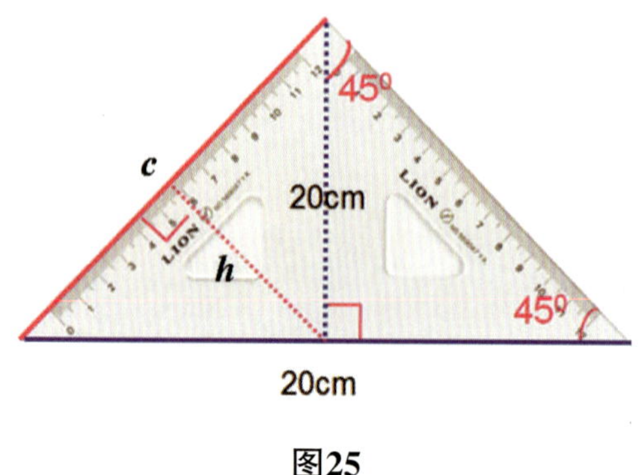

图25

你知道分节和分级吗？

在生活中，很多情况下并不是四位一级写数的，而是从右边起每三个数字就隔开一点。

苏教版小学数学四年级下册第11页“你知道吗”告诉我们：

你知道吗

在报纸、杂志上，我们经常会见到一些多位数从个位起每三位就空开大约半个数字的位置。如：2011 年我国普通高等学校在校学生数是 23 085 000 人。这是一种国际通用的数的分节方法。它规定从个位起向左每 3 位一节，右起第一节表示有多少个一，第二节表示有多少个千，第三节表示有多少个百万……

我国习惯采用数的分级方法。它规定从个位起向左每 4 位一级，从右边起第一级是个级，表示有多少个一；第二级是万级，表示有多少个万……

数的分节和分级，虽然计数习惯不同，但都便于正确、迅速地读写多位数。

按照我国的计数习惯,从个位起,每四个数位是一级。个位、十位、百位、千位是个级,万位、十万位、百万位、千万位是万级,亿位、十亿位、百亿位、千亿位是亿级……多位数的读写,从高位起,一级一级地往下写,比较方便。

国际上很多国家没有“万”这个名称,他们读数、写数时不是按照四位一级,而是按照三位分节,即从个位起,每三个数位是一节,个位、十位、百位是第一节,千(K)位、十千(万)位、百千(十万)位是第二节,千千(百万)叫密(M),密位、十密位、百密位是第三节……节与节之间通常空出半个数字的位置,例如:1 234 567 890。

写数时,现在国际上通用的是三位分节法。为了便于国际交往,我国有关部门规定在财经、统计等部门写数时也采用三位分节法(例如会计记账用的账本上,便是按照三位一节来印刷的)。

不一样的计数法

三位分节法是基于英语语言习惯的阿拉伯数字计数方法,用法如下:

1 thousand 写作1,000　　10 thousand 写作10,000

100 thousand 写作100,000　　1 million 写作1,000,000

10 million 写作10,000,000　　100 million 写作100,000,000

……

西方的分节法是按照每三位数一个单位来表述的，从百开始，依次是hundred，thousand，million，billion和trillion。可以看出，中文里的万和亿在英语中没有相对应的单位，需要分别折算成千和百万来计量。所以，千位分隔符是符合英语表达习惯的。以英语为母语的人看到用千位分隔符分隔的阿拉伯数字时会很习惯，而汉语中关于数字的表述习惯与英语截然不同。在使用阿拉伯数字记数时，中文里每个数位上都有专门的词来表述，从小到大分别是个、十、百、千、万、十万、百万……这就是不一样的计数法。

还有学者把数位的分级与空间图形结合起来，认为“三位一节”更符合数形结合的规律。具体地说，一个小立方体表示“1”，那么10个一排就是10，10个10排成1个面就是一个百，每一百算一层，10层就是一个新立方体，表示“千”。

再从“千立方体”出发，10个一排，10排构成面，10个面叠成新的立方体就是一百万。这就很形象地描绘出“三位一节”的构造。这样看来，“三位一节”还是一种可以通过数形结合来描述的结构。

数位的聚会

“开会了！开会了！”计数器站在会议厅门口，扯着嗓门儿吆喝道：“数学王国百年一度的数位大会开始了！”

“开会？”“难道今天就是隆重的数位大会？”“那咱们快去吧！”“走呀！”听到这个消息，数位们纷纷从四面八方赶来。

“咳咳！”主持人算盘先生清了清嗓子，说：“我宣布，数位大会现在开始，下面，先有请最大的数位发言！”

台下七嘴八舌，几乎没有一个数位是闭着嘴的。

“停！”算盘先生有些搞不清楚状况，问：“谁是最大的数位，请举手！”

台下的胳膊又像雨后春笋一般一个接一个地“冒”出来。

算盘先生差点晕了过去，只好很无奈地说：“好吧，既然大家都认为自己是最大的数位，那我们就举行一场辩论赛，辩论的主题就是：谁是最大的数位。”

“我先来！”数位“兆”信心满满地走上演讲台，说：“我是一个非常大非常大的数，一万个亿才能抵得上我！如果从一数到一兆，每个数字用一秒钟的话，需要31700年！”

正当“兆”滔滔不绝地讲着时，“京”突然一把抢下话筒，“一边儿去吧，你这个废话大王！"说罢，一拳打飞了"兆"，开始演说："hello，my name is 'jing'，我等于10的16次方，I am very very very big！"

他还没说完，就又被数位"垓"无情地赶走了。

"大家好，我是'垓'，我认为，我才是世界上最最伟大的数位！"

突然，"秭"飞起一脚，把"垓"踢了个四脚朝天。"去你的吧！"数位"秭"昂首挺胸，神气十足地讲："我就是大名鼎鼎，天下第一的——'秭'，毫无疑问的最大数位，我是垓的一百万倍，10的24次方……"

"我才是天下第一大！"数位"穰"不服气地冲了上来，愤怒地把"秭"推翻在地，死死按住他，喊道："我是10的28次方！我比你厉害！"

"我们可都比你大！"

数位"沟""涧""正""载""极"一起冲了上来，与"穰"和"秭"扭打起来。

"别太自以为是了，小子，我可是10的32次方！""沟"说。

"我还是10的36次方呢！""涧"不服气。

"我是10的40次方！""正"说。

"载"撇撇嘴："哼！我比你们仨都大！"

"极"哼了一声，拿一张上面写着"10的48次方"的纸贴在胸前，说了一句："真不屑和你们几个傻子说话！"

"说谁傻呢！"

“你们！”

“你才是傻瓜！”

几个数位乱作一团。

“停下！”一个高大的数位跳上台子,“看我的！”一把拎起几个扭打在一起的数位,抛到一边去了。

大嗓门介绍道:“我是数位‘恒河沙’,是10的52次方,你们知道我为什么叫这个名字吗？因为印度有条河叫恒河,恒河沙就是说我的数目和恒河里的沙子一样多,你们说我大吗？”

正当“恒河沙”得意洋洋的时候,又有两个数位跑来,把他挤到一边去了。他俩抢着话筒:“我是‘阿僧祇’。”“我是‘那由他’。”

“我‘阿僧祇’比‘恒河沙’大一万倍！”

“我比你大一万倍。”

“我是10的56次方。”

“我‘那由他’也不是好惹的,我是10的60次方！……”

“真是不可思议！”

“不可思议！”

听到这话声,“阿僧祇”和“那由他”同时扭头一看,只见一个比他们还要高,还要壮的数位走过来。

“人外有人,天外有天哪！”两数位长叹一声,便很知趣地走下台去。

“不可思议！不可思议！我的名字就叫‘不可思议’。”数位“不可思议”激动地说着。

“哼!有谁敢跟我比!我就是‘无量大数’!”数位“无量大数”踱着方步走上来说。

谁知,又有不计其数的数位“蹬蹬蹬”一个又一个,浩浩荡荡地排成一个一眼望不到头的大方阵:“我们都敢跟你比!!”

这一下,“无量大数”可慌了,台下的观众不断起哄,有的甚至拿椅子、矿泉水向“无量大数”扔去……

就在场面即将失控的时候,只听到主持人算盘先生的嘶喊:“S——T——O——P! 谁——是——最——大——的——数——位——辩——论——会——取——消! 下——面——请——最——小——的——数——位——上——台——发——言!!”听了这话,尚未登台的大数位们唉声叹气,都恨自己错过了这个机会。

……

如果你对它们感兴趣,可以进一步去搜集资料了解一下哦! 还可以去找一找最小的数位呢!

你知道二进制计数法吗?

我们知道,十进制计数法是世界各国通用的计数法。但是,你知道吗?在计算机技术中,使用的却不是十进制计数法,而是二进制计数法。

苏教版小学数学四年级下册第16页“你知道吗”告诉我们:

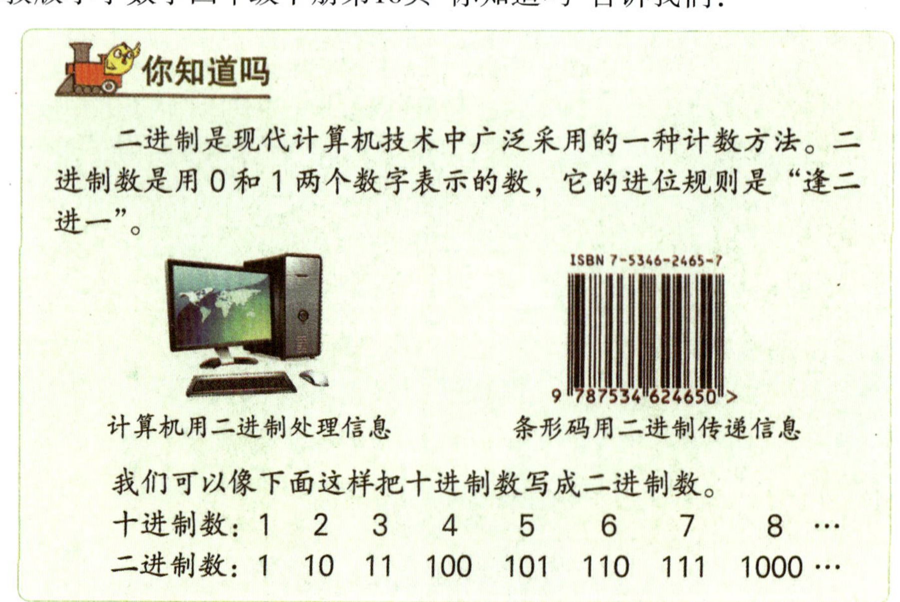

你知道吗

二进制是现代计算机技术中广泛采用的一种计数方法。二进制数是用0和1两个数字表示的数,它的进位规则是“逢二进一”。

计算机用二进制处理信息

ISBN 7-5346-2465-7

9 787534 624650 >

条形码用二进制传递信息

我们可以像下面这样把十进制数写成二进制数。

十进制数:	1	2	3	4	5	6	7	8	…
二进制数:	1	10	11	100	101	110	111	1000	…

十进制计数法的特点是相邻两个单位之间的进率都是“10”(即满十进一),用十个数字1、2、3、4、5、6、7、8、9、0和位值原则结合起来计数。所谓的“位值原则”就是指同一个数字1，在不同数位上表示的数值是不同的。如:“四百三十四”记作434,右边起第一个4表示4个一,3表示3个十,左边的4表示4个百。通俗地说,虽然数字相同,但因为所在的位置不同,表示的意义也不相同。二进制计数法的进率是“2”,只用两个数字0和1,与位值原则结合起来计数。其实,除了十进制计数法和二进制计数法,还有十六进制计数法、六十进制计数法。

二进制的来历

18世纪,德国数理哲学大师莱布尼兹从他的传教士朋友白晋寄给他的拉丁文译本《易经》中,读到了八卦的组成结构,惊奇地发现,如果将八卦中的阴爻和阳爻分别换成0和1,其进位制就是二进制,并认为这是世界上数学进制中最先进的。

二进制数据是用0和1两个数码来表示的数。它的基数为2,进位规则是“逢二进一”,借位规则是“借一当二”。在现实生活和记数器中,如果表示数的“器件”只有两种状态,如电灯的“亮”与“灭”,开关的“开”与“关”,一种状态表示数码0,另一种状态表示数码1,1加1应该等于2,但因为没有数码2,只能向上一个数位进一。这种“满二进一”的原则,和十进制采用的“满十进一”的原则完全相同。

在二进制中，1+1=10，10+1=11，11+1=100，100+1=101，101+1=110，110+1=111，111+1=1000……可见，二进制的10表示十进制的2，100表示十进制的4，1000表示十进制的8，10000表示十进制的16……

二进制同样是“位值制”。同一个数码1，在不同数位上表示的数值是不同的。如11111，从右往左数，第一位的1就是1，第二位的1表示2，第三位的1表示4，第四位的1表示8，第五位的1表示16。用大家熟悉的十进制说明这个二进制数的含意，有以下关系式：(11111)(二进制)$=1\times2^4+1\times2^3+1\times2^2+1\times2+1$(十进制)。

一个几位的二进制整数，从右边第一位起，各位的计数单位分别是$1,2,2^2,2^3,\cdots,2^n$。

计算机为什么用二进制处理信息

我们已经知道，现代计算机技术中广泛采用二进制计数法，那为什么计算机技术中要用二进制处理信息呢？这样做有什么好处呢？

首先，二进制只需用两种状态表示数字。

计算机是由电子元器件构成的，二进制在电气、电子元器件中最易实现。它只有两个数字，用两种稳定的物理状态即可表达，而且稳定可靠。而若采用十进制，则需用十种稳定的物理状态分别表示十个数字，不易找到具有十种性能的元器件，而且其运算与控制的实现也极复杂。打个比方，二进制只表示两种状态，对或错，开或关，进或退，真或假……形式比较单一，不存在两种状态外的第三种状态。

其次，二进制的运算规则简单。

加法是最基本的运算。乘法是连加，减法是加法的逆运算(利用补码原理，还可以转化为加法运算,类似钟表拨针时的计算),除法是乘法的逆运算。其余任何复杂的数值计算也都可以分解为基本算术运算的复合。为提高运算效率,在计算机中除采用加法器外,也直接使用乘法器。

十进制的加法和乘法运算规则的口诀各有100条,根据交换率去掉重复项,也各有55条,用计算机的电路实现这么多的运算规则是很复杂的。相比之下,二进制的算术运算规则非常简单,加法、乘法各自只有四条:

(1) 0+0=0,0×0=0;

(2) 0+1=1,0×1=0;

(3) 1+0=1,1×0=0;

(4) 1+1=10,1×1=1。

根据交换率去掉重复项,实际上各自只有3条,用计算机的脉冲数字电路是很容易实现的。

第三,用二进制容易实现逻辑运算。

计算机不仅需要算术运算功能,还应具备逻辑运算功能,二进制的0、1分别可用来表示假(false)和真(true),用布尔代数的运算法则很容易实现逻辑运算。

第四,二进制的运算速度快。

二进制主要的弱点是表示同样大小的数值时,其位数比十进制或其他数制多得多,难写难记,因而在日常生活和工作中是不便使用的。但这个弱点对计算机而言,并不构成困难,反而是优点。因为计算机中每个存储记忆元件(比如由晶体管组成的触发器)可以代表一位数字,记忆是它本身的属性,不存在记不住或忘记的问题。至于位数多,只要多排列一些记忆元件就解决了,鉴于集成电路芯片上元件的集成度极高,在体积上不存在问题。对于电子元器件,0和1两种状态的转换速度极快,因而运算速度是很高的。

条形码与二进制

见到过图26所示的图案吗?这是条形码!几乎所有的商品都有条形码,它相当于商品的身份证,它与二进制数有着密切的联系。

图26

条形码是由美国的N.T.Woodland在1949年首先提出使用的。近年来,随着计算机应用的不断普及,条形码的应用得到了极大的拓展。条形码可以标出商品的生产国、制造厂家、商品名称、生产日期等信息,因而在商品流通、图书管理、邮电管理、银行等领域都得到了广泛的应用。条形码是由宽度不同、反射率不同的条(黑条)和空(白条),按照一定的编码规则(码制)编制成的,用以表达一组数字或字母符号信息的图形标识符。也就是说,条形码是一组粗细不同,按照一定的规则安排间距的平行线条图形。

条形码的编码方法有两种。第一种是宽度调节法。表示条形码的条或空只有两种宽度:窄单元和宽单元,窄单元表示0,宽单元表示1。第二种是模块组配法。若干个条模块组成一个条,若干个空模块组成一个空,条表示1,空表示0。

不同0、1的组合,表示不同的数字,这些二进制的数字与十进制的数字之间不是运算关系,只是一一对应。

通用商品条形码一般由前缀部分、制造厂商代码、商品代码和校验码组成。商品条形码中的前缀码是用来标识国家或地区的代码,赋码权在国际物品编码协会,如 00~09代表美国、加拿大。45、49代表日本。69代表中国大陆,471代表中国台湾地区,489代表香港特区。

以条形码 6936983800013 为例:

此条形码分为4个部分,从左到右分别为:

1~3位:共3位,对应该条码的693,是中国的国家代码之一(690~695都是中国大陆的代码,由国际上分配);

4~8位:共5位,对应该条码的69838,代表着生产厂商代码,由厂商申请,国家分配;

9~12位:共4位,对应该条码的0001,代表着厂内商品代码,由厂商自行确定;

第13位:共1位,对应该条码的3,是校验码,依据一定的算法,由前面12位数字计算而得到。

那么,条形码怎么读呢?是不是也像大数的读法一样,要读出不同的数位呢?其实不用啦,见数读数就可以了!例如,上面的条形码直接读作:六九三六九八三八零零零一三。

数 的 转 化

了解了这么多关于二进制的知识，你能将下列十进制数转化成二进制数吗？

十进制数	13	14	15	16	17	18	19	20
二进制数								

【答案揭晓】

十进制数	13	14	15	16	17	18	19	20
二进制数	1101	1110	1111	10000	10001	10010	10011	10100

你知道计算器有哪些功能吗？

计算器已经在各行各业中得到广泛使用，给人们解决生活和生产中的具体计算问题带来了方便，也为探索数学问题、发现数学规律带来了便利。你会使用计算器吗？你了解计算器上的一些常用功能键吗？

苏教版小学数学四年级下册第41页“你知道吗”告诉我们：

> **你知道吗**
>
> 计算器上的一些功能键，可以帮助我们方便地解决问题。
>
> 例如：改错键“[CE]”，在计算“123 + 456”时，不小心把“456”按成了“455”，只需要进行如下操作：[1] [2] [3] [+] [4] [5] [5] [CE] [4] [5] [6] [=]，就可以得到579，而不需要全部清除后再重新操作。
>
> 还有一些功能键，如[M+]、[M−]，你能通过查阅说明书或其他途径了解它们的功能吗？
>
> 有些科学计算器能识别运算顺序，可以直接根据算式的书写顺序按键（算式中的括号按括号键），而不必根据运算顺序分步操作。例如，计算 510 ÷ (31 − 14)，可以连续按 [5] [1] [0] [÷] [(] [3] [1] [−] [1] [4] [)] [=]，直接得到结果 30。

计算器，是“电子计算器”的简称，该名称由日本传入中国。

《现代汉语词典》中对“计算器”的解释为：小型的计算装置。我们也可以将计算器理解为：“能进行数学运算的手持机器，拥有集成电路芯片，但结构简单，比现代电脑结构简单得多，可以说是第一代的电子计算机（电脑），且功能也较弱，但较为方便与廉价，可广泛运用于商业交易中，也可被认为是必备的办公用品之一。”计算器给我们的数学计算带来了很多方便。

计算器的起源和发展

说起计算器，值得我们骄傲的是，最早的计算工具诞生在中国。

中国古代最早采用的一种计算工具叫算筹，又叫作筹策。这种算筹多用竹子制成，也有用木头、兽骨作为材料的。算筹约270枚一束，可放在布袋里随身携带。

直到今天仍有使用的珠算盘，是中国古代计算工具领域中的另一项发明，明代时的珠算盘已经几乎与现代的珠算盘相同了。

17世纪初，西方国家的计算工具有了较大的发展。英国数学家纳皮尔发明了“纳皮尔筹”，英国牧师奥却德发明了圆柱型对数计算尺——这种计算尺不仅能做加减乘除、乘方、开方运算，甚至可以计算三角函数、指数函数和对数函数。这些计算工具为现代计算器的发展奠定了良好的基础。1642年，年仅19岁的法国科学家帕斯卡引用算盘的原理，发明了第一部机械式计算器。在他的计算器中有一些互相联

锁的齿轮，一个转过十位的齿轮会使另一个齿轮转过一位。人们可以像拨电话号码盘那样，把数字拨进去，计算结果就会出现在另一个窗口中。不过，他的计算器只能做加减计算。1694年，莱布尼兹在德国将其改进成可以进行乘除的计算器。此后，直到19世纪50年代末，电子计算器才开始出现。

计算器的功能键介绍

计算器可以帮助用户完成数据的运算，它可分为“标准计算器”（如图27）和“科学计算器”（如图28）两种，“标准计算器”可以完成日常工作中简单的算术运算，“科学计算器”可以完成较为复杂的科学运算。一般来说，使用标准计算器就可以满足工作和生活的需要了。

图27

图28

计算器包括数字显示区和工作区几部分。

工作区由数字按钮、运算符按钮、存储按钮和操作按钮组成，当用户使用时可以先输入所要运算的算式的第一个数,在数字显示区内会显示相应的数,然后选择运算符,再输入第二个数,最后选择"="按钮,即可得到运算后数值。

科学计算器可进行乘方、开方、指数、对数、三角函数、统计等方面的运算(这些知识到中学就会学习),又称函数计算器。它带有所有普通的函数,所有的函数都分布在键盘上以至于你可以不用通过菜单列表来使用它们。使用它可进行加(+)、减(-)、乘(×)、除(/)、乘方(^)、开方(√‾‾)、百分数(%)、倒数(1/x)、指数、对数、三角函数、统计等方面的运算。

如果按错可用(Backspace)键消去一次数值,再重新输入正确的数字。

直接输入数字后,按下乘号将它变为乘数,在不输入被乘数的情况下直接按(=)或(Enter)键,就是该数字的二次方值。

按下(+/-)键可改变数字的正、负值。

当输入数字并决定运算符号后,按下(%)键会将结果变为百分比运算。例如:17+28(%)=17%+28%,1-90(%)=100%-90%。

部分标准计算器具备数字存储功能,它包括四个按键:MRC、M-、M+、MU。键入数字后,按M+将数字读入内存,此后无论进行多少步运算,只要按一次MRC即可读取先前存储的数字,按下M-则把该数字从内存中删除,或者按两次MRC。MU则为利率计算,使用方法不详。

科学用于进行统计计算和科学计算,还可以用于进行不同进制数的转换。

数制的转换:可进行十进制(快捷键W)、二进制(快捷键T)、八进制(快捷键R)、十六进制(快捷键Q)整数的相互转换。

避开三键

一次，小欢想用计算器计算下面的题目：

（1）加法：①736+428；②294+583；③739+827；④789+987。

（2）减法：①635−428；②724−539；③839−518；④987−789。

可是，他发现自己计算器上7、8、9三个键钮失灵了，按下去显不出数字，但是当他按了算式“4+5=”后，计算器却仍然能够显示得数9；他又按了算式“352+635=”，计算器又显示了正确的得数987。这说明计算器的计算没有问题。于是，他就有了一个考一考小乐的念头：让小乐用这计算器计算上面8道题目。

听完小欢的话，小乐脱口而出：“这容易。”于是，小乐当着小欢的面，一题一题算了出来，得数都是正确的。

原来，小乐采用的方法是：

加法：① 736+428=636+100+426+2=1164；② 294+583=264+30+563+20=877；

③ 739+827=639+100+627+201=1566；④ 789+987=666+123+666+321=1776。

减法：① 635−428=635−426−2=207；② 724−539=624+100−536−3=185；

③ 839−518=636+203−516−2=321；④ 987−789=666+321−666−123=198。

你知道计算工具的发展历史吗？

计算工具在当今社会和现实生活中已经相当普及了，人们已经不大需要使用纸笔进行大数目、多步数的计算。你知道有哪些计算工具吗？你知道我国的计算工具是怎么演变和发展的吗？

苏教版小学数学四年级下册第45页“你知道吗”告诉我们：

你知道吗

算筹是我国古代劳动人民发明的一种记数和计算的工具。用算筹进行计算，简称筹算。

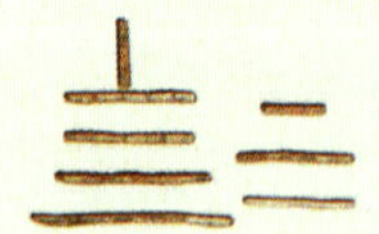

后来，我国劳动人民发明了一种更简便的计算工具——算盘。用算盘进行计算，简称珠算。

现在人们普遍用计算器或计算机进行计算。用计算机运算速度快，操作简便。有时用人工几十年才能完成的复杂运算，用计算机只要几秒钟就可以完成。

算 筹

我国古代最早采用的一种计算工具叫筹策，又被叫作算筹。根据史书的记载和考古材料的发现，古代的算筹实际上是一根根同样长短和粗细的小棍子（如图29），一般长为13~14cm，径粗0.2~0.3cm，多用竹子制成，也有用木头、兽骨、象牙、金属等材料制成，大约二百七十几枚为一束，放在一个布袋里，系在腰部随身携带。需要记数和计算的时候，就把它们取出来，放在桌上、炕上或地上都能摆弄。

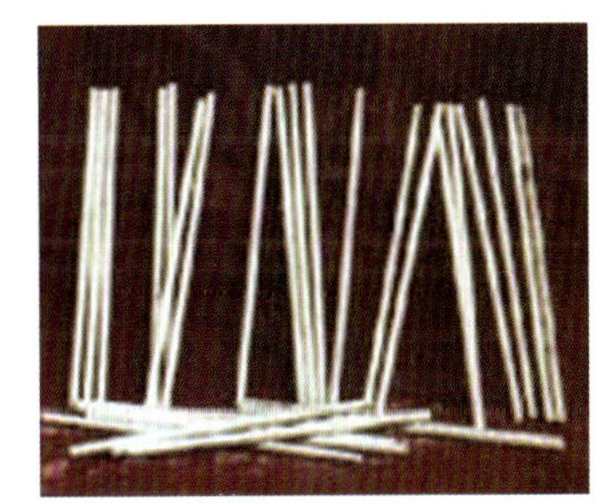

图29

在算筹计数法中，以纵、横两种排列方式来表示单位数目的，其中1~5分别以纵、横方式排列相应数目的算筹来表示，6~9则以上面的算筹再加下面相应的算筹来表示。表示多位数时，个位用纵式，十位用横式，百位用纵式，千位用横式，以此类推，遇零则置空。这种计数法遵循一百进位制。据《孙子算经》记载，算筹记数法则是：凡算之法，先识其位，一纵十横，百立千僵，千十相望，万百相当。《夏阳侯算经》记载：满六以上，五在上方，六不积算，五不单张。

那么，为什么又要有纵式和横式两种不同的摆法呢？这就是因为十进位制的需要了。所谓十进位制，又称十进位值制，包含两方面的含义。其一是“十进制”，即每满十数进一个单位，十个一进为十，十个十进为百，十个百进为千……其二是“位值制”,即每个数码所表示的数值,不仅取决于这个数码本身,而且取决于它在记数中所处的位置。如同样是一个数码“2”,放在个位上表示2,放在十位上就表示20,放在百位上就表示200,放在千位上就表示2000……在我国商代的文字记数系统中,就已经有了十进位值制的萌芽,到了算筹记数和运算时,就更是标准的十进位值制了。

按照我国古代的筹算规则,算筹记数的表示方法为:个位用纵式、十位用横式、百位再用纵式、千位再用横式、万位再用纵式……这样从右到左,纵横相间,以此类推,就可以用算筹表示出任意大的自然数了。由于它位与位之间纵横变换,且每一位都有固定的摆法,所以既不会混淆,也不会错位。毫无疑问,这样一种算筹记数法和现代通行的十进位制记数法是完全一致的。

我国古代十进位制的算筹记数法是世界数学史上的一个伟大创造。我国古代数学之所以在计算方面取得许多卓越的成就,在一定程度上应该归功于这一符合十进位制的算筹记数法。马克思在他的《数学手稿》一书中称,十进位记数法为“最妙的发明之一”。

算　盘

算盘是我国传统的计算工具。它是中国古代的一项重要发明,在阿拉伯数字出现前,是世界广为使用的计算工具。

算盘是中国人在长期使用算筹的基础上发明的,迄今已两千六百年多年的历史。古时候,人们用小木棍进行计算,这些小木棍叫“算筹”,用算筹作为工具进行的计算叫“筹算”。后来,随着生产的发展,用小木棍进行计算受到了限制,于是,人们又发明了更先进的计算器——算盘。

算盘是长方形的，四周是木框，里面固定着一根根小木棍，小木棍上穿着木珠，中间一根横梁把算盘分成两部分，每根木棍的上半部有2个珠子，每个珠子当作5，下半部有4个珠子，每个珠子当作1。

关于算盘的来历，最早可以追溯到公元前600年。据说，当时我国就有了“算板”。古人把10个算珠串成一组，一组组排列好，放入框内，然后迅速拨动算珠进行计算。东汉末年，徐岳在《数术记遗》中记载，他的老师刘洪访问隐士天目先生时，天目先生解释了14种计算方法，其中一种就是珠算，采用的计算工具很接近现代的算盘。这种算盘每位有5颗可动的算珠，上面1颗相当作5，下面4颗每颗当作1。

随着算盘的使用，人们总结出许多计算口诀，使得计算的速度更快了。这种用算盘计算的方法，叫珠算。在明代，珠算已相当普及，并且出版了不少有关珠算的书籍，其中流传至今、影响最大的是程大位的《直指算法统宗》（又称《算法统原》）。

我国的算盘由古代的“筹算”演变而来。唐代末年，已见筹算乘除法的改进，到宋代产生了筹算的除法歌诀。15世纪中期，《鲁班木经》中有制造算盘的规格。由于算盘普及，论述算盘的著作也随之产生，流行最久的珠算书是1593年明代程大位所辑的《算法统宗》。《算法统宗》是一部以珠算应用为主的算书。全书共17卷，有595个应用题，多数问题摘自其他算书，但所有计算都改用珠算。书中载有算盘图式和珠算口诀，并举例说明如何按口诀在算盘上演算。其中，开平方和开立方的珠算法是程大位首先提出来的。书末附录“算经源流”记载了宋元以来的51种数学书名，其中大部分已失传，这个附录便成了宝贵的数学史料。由于珠算口诀便于记忆，运用又简单方便，因而在我国被普遍应用，同时也陆续传到了日本、朝鲜、印度、美国等国家和地区。算盘的出现，被称为人类历史上计算器的重大改革，就是在电子计算器盛行的今天，它依然发挥着特有的作用。使用算盘和珠算，除了运算方便以外，还有锻炼思维能力的作用，因为打算盘需要脑、眼、手的密切配合，是锻炼大脑的一种好方法。

电子计算机

电子计算机(electronic computer)，简称计算机(computer)，俗称电脑，是一种根据一系列指令来对数据进行处理的机器。

计算机种类繁多。实际来看，计算机总体上是处理信息的工具。根据图灵机理论，一部具有最基本功能的计算机应当能够完成任何其他计算机能做的事情。因此，只要不考虑时间和存储因素，从个人数码助理(PDA)到超级计算机都应该可以完成同样的作业。也就是说，即使是设计完全相同的计算机，只要经过相应改装，就应该可以被用于从公司薪金管理到无人驾驶飞船操控在内的各种任务。由于科技的飞速进步，下一代计算机总是在性能上能够显著地超过其前一代，这一现象有时被称作“摩尔定律”。

计算机在组成上形式不一。早期计算机的体积足有一间房屋大小，而今天一些嵌入式计算机可能比一副扑克牌还小。当然，即使在今天，依然有大量体积庞大的巨型计算机为特别的科学计算或面向大型组织的事务处理需求服务。比较小的、为个人应用而设计的计算机，称为微型计算机，简称微机。我们今天在日常使用“计算机”一词时通常也是指此。不过，现在计算机最为普遍的应用形式却是嵌入式的。嵌入式计算机通常相对简单，体积小，并被用来控制其他设备——无论是飞机、工业机器人还是数码相机。

“长龙”回头

这是一个以计算器为道具的小魔术，别具一格，十分有趣。先在计算器上按出数字长龙“12345678”，同时按下等号键，此时再看所显示出的数，真神！数字“长龙回头”了，成了“87654321”。

这个小魔术的秘密在哪里呢?

原来，事先你应在计算器里输入“99999999-”，再输入“12345678”，这时计算器显示的数是12345678。当一按等号键后，计算器就显示出差“87654321”。知道了这一小魔术的诀窍后，大家也可以设计一些类似的游戏。例如，开始时计算器显示数“29292929”，一按等号键后，会变成“92929292”。

请想一想，事先应做些什么准备呢?

你知道欧洲人的算法吗？

人类探索数学计算的历程是艰辛曲折的。比如，欧洲人是按照怎样的方式进行计算的呢？

苏教版小学数学四年级下册第64页“你知道吗”告诉我们：

> **你知道吗**
>
> 在13世纪，欧洲人采用“双倍法”计算乘法。例如，计算46×13的过程是：
>
> 46×2＝92　　　　46×4＝92×2＝184
>
> 46×8＝184×2＝368　　368＋184＋46＝598
>
> 你能用乘法分配律解释为什么可以这样算吗？

在13世纪，欧洲人不会像我们这样列竖式，他们采用的是“双倍法”的计算方法。计算46×13，其实就是求13个46是多少。

第一步：2个46是多少？列式：46×2=92。

第二步：4个46是多少？列式：46×4=92×2=184(也可以是在第一步的结果后乘2)。

第三步：8个46是多少？列式：46×8=184×2=368（也可以是在第二步的结果后乘2）。

第四步：13个46是多少？列式：368+184+46=598（也是把第一步、第二步、第三步的和加起来）。

特殊数“11”的乘法计算方法——速算

一个数与11相乘，有速算口诀：两头一拉，中间相加。若中间和满十，往前进一。例如，24×11=264、65×11=715，速算过程如下：

那么，三位数乘11，比如271×11该怎么算呢？

口诀是：两头一拉，中间分别相加，具体如下：

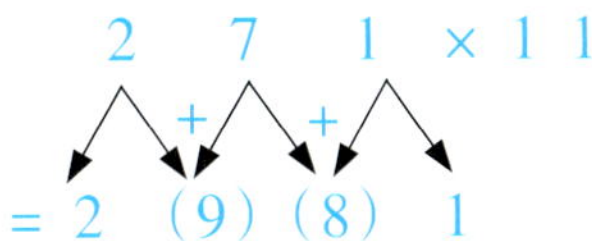

如果一个乘式中，有乘数是11的倍数，可以通过变形来简便运算。例如，33=11×3，22=11×2，分解后就可以用速算法。

首尾配对法——巧算

高斯于出生于德国一个农民家庭。他从小就酷爱数学，特别著名的一个故事就是在他十岁时候，他的小学老师布特纳，出了一道算术难题：“计算1+2+3+4+…+100。”布特纳心想这可难为初学算术的学生了，但是高斯却在几秒后将答案解了出来。

高斯是这样算的：1与100，2与99，3与98……每一对的和都是101，而100以内这样的数共有50对，101×50=5050。他的这种计算方法，数学上称为等差求和。

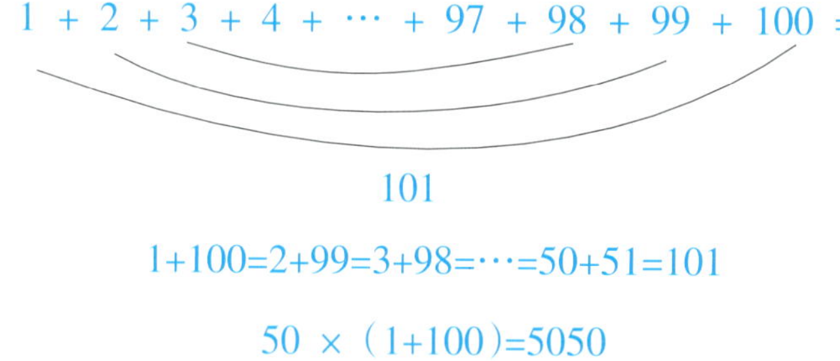

那么，还有没有其他方法可以解决这个问题呢？这里我们介绍一种新的方法“倒序相加法”：

$S=1+2+3+\cdots+98+99+100$ ………字母S表示和

$+\ S=100+99+98+\cdots+3+2+1$ ………倒序相加法

$2S=(1+100)+(2+99)+(3+98)+\cdots+(98+3)+(99+2)+(100+1)$

$=100\times(1+100)$ ………100个(1+100)相加

$S=100\times(1+100)\div2$ ………左右同时除以2

$=5050$

数独游戏

数独游戏源自18世纪的瑞士,先流传到美国,再由日本发扬光大。它是一种运用纸、笔进行演算的逻辑游戏。数独盘面是个九宫,每一宫又分为9个小格。在这81(9×9)格中给出一定的已知数字和解题条件,利用逻辑和推理,在其他的空格上填入1~9的数字,使1~9每个数字在每一行、每一列和每一宫中都只出现一次,所以又称“九宫格”。

我们一起玩一玩:

8								
		3	6					
	7			9		2		
	5				7			
				4	5	7		
			1				3	
		1					6	8
		8	5				1	
	9					4		

你知道三角形结构的稳定性吗?

三角形是生活中常见的结构,具有稳定性的特点。究竟有哪些物体用到了三角形的稳定性原理?如何佐证呢?

苏教版小学数学四年级下册第 79 页“你知道吗”告诉我们:

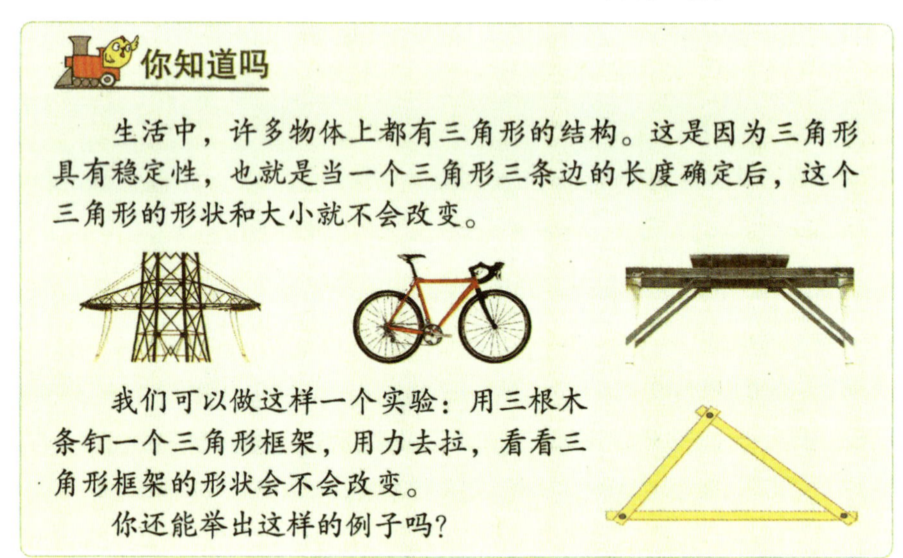

你知道吗

生活中,许多物体上都有三角形的结构。这是因为三角形具有稳定性,也就是当一个三角形三条边的长度确定后,这个三角形的形状和大小就不会改变。

我们可以做这样一个实验:用三根木条钉一个三角形框架,用力去拉,看看三角形框架的形状会不会改变。

你还能举出这样的例子吗?

三角形的稳定性究竟体现在哪里呢?

三角形的秘密

1976年,我国唐山发生了地震,房屋破坏十分严重。事后调查发现,受损最轻的是三角形房顶的木结构房屋。这是为什么呢?其中一个主要原因是地震时房屋两侧摇晃,而三角形房顶在其摇晃时能够左右均衡承受所受力量,所以不会轻易断裂。

类似的实例还可以找出很多。

三角形的稳定性被广泛应用在建筑上,尤其是造屋顶的时候。据说有一家日本建筑公司就取名为"△口"。当大地震发生,房屋倒塌的时候,水泥板间形成的三角区域是人们最后的避难所。

用一张不很厚的纸很难支起一只鸡蛋,但如果把纸折上很多折就可以做到。这是因为小三角形并排组成的侧面(如图30)增加了纸桥的抗压性。目前,日本科学家止对钢板进行类似的研究。试想,如果一块这样的钢板就能够代替多块钢板的话,那将会

图30

图31

图32

节省多少钢材呀！

有些动物似乎也懂得三角形支撑的好处。袋鼠休息的时候"坐"在自己的尾巴上（如图31），因此，它的尾巴被称作它的"第三只脚"。澳大利亚的珍禽鹬鸵则正好相反，它没有翅膀和大尾巴，却有坚硬的长喙，所以用它做了第三个支撑点（如图32）。

三角形在我们的生活中是无处不在的，只要仔细地去观察，还能发现三角形中更多的秘密。

飞机中的三角形

2001年，俄罗斯发明了一款三角形多用途飞机。这是一种两人乘坐的小型飞机，飞机名为"克鲁伊兹"（如图33），由超轻型复合材料制成。飞机的机身呈三角形，机翼可在飞行员控制下灵活地变换飞行角度。"克鲁伊兹"配有特技飞行、领航和发动机参数控制系统，能够完成高难度的飞行动作且操作流程简便。它既可对林场、输电线路、石油管道进行多架次空中监护，为农田喷药施肥，还能搭载游客到空中亲身感受惊险的特技飞行。它的优良性能与三角形的特性是分不开的。

图33

神奇的多边形

用吸管做一个三角形，拉一拉，你发现了什么？再动手做一个四边形，拉一拉，你又有什么发现？有什么办法能使它不易变形呢？同样的道理，五边形、六边形呢？

用吸管做一个三角形（如图 34），拉一拉，发现它拉不动，很稳定。再动手做一个四边形（如图 35），拉一拉，发现它一拉就变形了。如果两个对角之间再固定一个吸管，变成两个三角形，再怎么拉也不变形了。同样道理，要想五边形、六边形怎么拉都不变形，也需这样处理。

图34

图35

你知道确定位置的方法有哪些吗?

学习了用数对确定物体的位置的表示方法，你知道这种确定位置的方法还在哪些学科领域中运用吗?

苏教版小学数学四年级下册第 103 页“你知道吗”告诉我们:

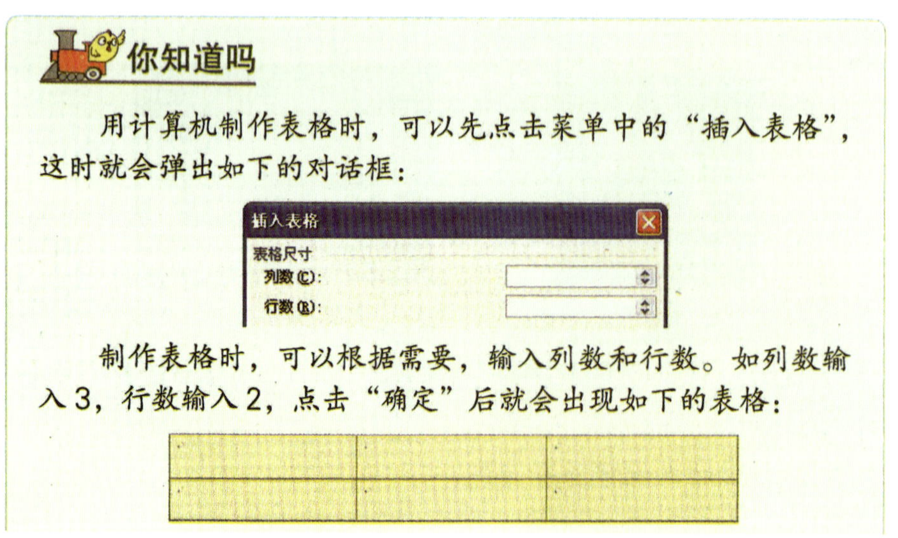

你知道吗

用计算机制作表格时，可以先点击菜单中的“插入表格”，这时就会弹出如下的对话框:

制作表格时，可以根据需要，输入列数和行数。如列数输入 3，行数输入 2，点击“确定”后就会出现如下的表格:

你知道列数为“5”、行数为“3”的表格是怎样的？先画一画，再到计算机上去试一试。

如果要设计一张你所在小组同学近四年身高变化情况的统计表，列数和行数各应输入几？与同学交流。

看来，在计算机制作表格时就使用了数学上的确定位置这个知识。

生活中确定位置的方法

在野外活动，确定方向主要依靠经验和工具。

1. 利用罗盘(指北针)。

将罗盘(如图36)或指北针(如图37)水平放置，使气泡居中，此时磁针静止后标有“N”的一端所指的便是北方。

图36

图37

2. 侦察术语。

在现代战争中,侦察时会说出一些确定物体位置的术语。

(1)以自己所在位置为中心,建立坐标,正前方为12点钟方向,正后6点,左9右3。

(2)同样以自己所在位置为中心,正北方为12,正南为6,西9东3——俗称时钟定位法。

3. 全球卫星定位系统。

全球卫星定位系统(Global Position System,GPS)为美国国防部开发,利用规模遍及全球的人造卫星之航法系统,由24颗人造卫星所构成,其中包括3颗预备卫星。利用对民间开放的C/A码标准测法,能得到数十米的精度,为无线电定位法的一种。卫星定位系统整体运作上可分成三部分:太空部分、地面部分以及讯号部分。

每一颗卫星会告诉你使用的接收机的三件事:(1)我是第几号卫星;(2)我现在的位置在哪里;(3)我什么时候送这讯息给你。当你的GPS接收机接收到这些数据后会将星历数据及Almanac存起来使用，这些数据也用作修正GPS接收机上的时间。GPS接收机比较每一卫星讯号接收到的时间及本身接收机的时间的不同,计算出每一卫星道接收机的距离。接收机若接收到更多卫星,可利用三角公式计算出接收机所在位置。三颗卫星可用作所谓2D定位(经度及纬度),四颗或更多卫星可用作所谓3D定位(经度、纬度及高度)。

走进迷宫

迷宫最早出现在古希腊神话中。据说，半人半神的英雄西修斯（Theseus）在克里特的迷宫中勇敢地杀死半人半牛的怪物，并循着绳索逃出迷宫。整个迷宫由12座带顶院落构成，所有院落都由通道连接，形成3000个独立的“室”。建造这座迷宫用的人力和财力“超过了希腊所有的建筑”。

世界上最大的植物迷宫（如图38）创建于安德尔河畔的海纳安德尔，里面种的是向日葵。每年冬天，农夫们会重新设计并播种，到了春天就又长出一个全新的迷宫图案。1996年开园时，有超过85000人试图走出这片10英亩（约4万平方米）的迷宫。

图38

在《三国演义》中，诸葛亮预先布下八卦阵，追击刘备的东吴大将陆逊被困于八卦阵中。杜甫为此有诗曰：“功盖三分国，名成八阵图，江流石不转，遗恨失吞吴。”

下面的迷宫游戏，有兴趣的话，不妨去闯一闯。